Владлен Жуков
Вероника Зайнуллина

Электронная структура и фотокаталитическая активность полупроводников

Владлен Жуков
Вероника Зайнуллина

Электронная структура и фотокаталитическая активность полупроводников

Теоретический подход к изучению
фотокаталитических свойств объемных и
наноразмерных оксидов титана и цинка

LAP LAMBERT Academic Publishing

Impressum / Выходные данные

Bibliografische Information der Deutschen Nationalbibliothek: Die Deutsche Nationalbibliothek verzeichnet diese Publikation in der Deutschen Nationalbibliografie; detaillierte bibliografische Daten sind im Internet über http://dnb.d-nb.de abrufbar.

Alle in diesem Buch genannten Marken und Produktnamen unterliegen warenzeichen-, marken- oder patentrechtlichem Schutz bzw. sind Warenzeichen oder eingetragene Warenzeichen der jeweiligen Inhaber. Die Wiedergabe von Marken, Produktnamen, Gebrauchsnamen, Handelsnamen, Warenbezeichnungen u.s.w. in diesem Werk berechtigt auch ohne besondere Kennzeichnung nicht zu der Annahme, dass solche Namen im Sinne der Warenzeichen- und Markenschutzgesetzgebung als frei zu betrachten wären und daher von jedermann benutzt werden dürften.

Библиографическая информация, изданная Немецкой Национальной Библиотекой. Немецкая Национальная Библиотека включает данную публикацию в Немецкий Книжный Каталог; с подробными библиографическими данными можно ознакомиться в Интернете по адресу http://dnb.d-nb.de.

Любые названия марок и брендов, упомянутые в этой книге, принадлежат торговой марке, бренду или запатентованы и являются брендами соответствующих правообладателей. Использование названий брендов, названий товаров, торговых марок, описаний товаров, общих имён, и т.д. даже без точного упоминания в этой работе не является основанием того, что данные названия можно считать незарегистрированными под каким-либо брендом и не защищены законом о брендах и их можно использовать всем без ограничений.

Coverbild / Изображение на обложке предоставлено: www.ingimage.com

Verlag / Издатель:
LAP LAMBERT Academic Publishing
ist ein Imprint der / является торговой маркой
OmniScriptum GmbH & Co. KG
Heinrich-Böcking-Str. 6-8, 66121 Saarbrücken, Deutschland / Германия
Email / электронная почта: info@lap-publishing.com

Herstellung: siehe letzte Seite /
Напечатано: см. последнюю страницу
ISBN: 978-3-659-48597-8

Посвящаем нашим родителям

Оглавление

5

Введение

Фотохимические реакции на поверхности оксидных полупроводников (ОП) являются объектом постоянного внимания широкого круга физиков, химиков, медиков и экологов. Связано это с перспективами их использования для очистки окружающей среды от органических химических загрязнителей и болезнетворных бактерий, для создания новых фотоэлементов, а также ячеек для получения водорода методом разложения воды под действием солнечного света. Наиболее перспективными в этом направлении являются, вероятно, фотокатализаторы на основе двух полиморфов диоксида титана, рутила и анатаза, а также оксида цинка со структурой вюрцита (цинсита). Количество исследований по свойствам и фотокаталитической активности (ФКА) ОП велико и продолжает быстро возрастать. Положительными факторами, способствующими практическому применению ОП, являются их дешевизна и высокая химическая стабильность в основном и возбужденных состояниях. Однако, имеются два обстоятельства, препятствующие широкому использованию чистых ОП в качестве фотокатализаторов. Первое заключается в том, что бездефектные ОП поглощают лишь в ультрафиолетовом диапазоне, а видимая часть спектра, на которую приходится большая часть энергии солнечного излучения, остается неиспользованной, вследствие чего выход реакций оказывается невысоким. Другим негативным фактором является короткое время жизни электронных возбуждений в ОП. Было предложено несколько методов ускорения фотокаталитических реакций. Первый из них заключается в применении такого вида допирования ОП, которое позволяет сместить край оптического поглощения в видимую область. Второй заключается в переходе от традиционных порошков или пленок из ОП к наноструктурам, см., например[1,2]. При использовании наночастиц увеличивается суммарная поверхность фотокатализатора, вследствие чего возрастает доля поглощенной энергии и выход реакции, а в некоторых случаях происходит сдвиг края поглощения в видимую область[1]. Третий прием заключается в создании таких структур, например, из наночастиц ОП и металлов, в которых происходит пространственное разделение возбужденных электронов и дырок, приводящее к увеличению времени жизни возбужденных состояний[3,4]. Четвертый способ заключается в поверхностной сенсибилизации, т.е. в нанесении на поверхность фотокатализатора пленки предположительно из органических молекул[5], имеющих поглощение в видимой области. Как оптическое поглощение, так и время жизни возбужденных электронно-дырочных пар определяются электронным строением соединения, которое в свою очередь зависит от наличия дефектов структуры, примесей и ряда других факторов. В связи с этим весьма привлекательной является идея использовать первопринципные методы расчета электронной структуры твердых тел с целью достижения более глубокого понимания процессов фотокатализа, а также оценки перспективности допирования или иного вида модификации кристалла для улучшения фотокаталитичеки свойств.

Результаты экспериментальных исследований по структуре, свойствам поверхности ОП и реакциям, происходящим на поверхности, неоднократно обсуждались в литературе, см., например, обзоры[3,6,7]. Имеется и ряд обзоров, освещающих методы получения и модификации объемных ОП, а также экспериментальные исследования свойств объемных ОП[8-12]. Однако, в литературе отсутствуют обзоры и монографии по электронному энергетическому спектру объемных и наноструктурных ОП, оптическим свойствам и динамике электронных возбуждений, как нет и освещения многочисленных теоретических работ в этом направлении. Данная книга является попыткой частично ликвидировать указанный пробел. Заметим, что исследования фотокаталитических свойств ОП остаются весьма "горячей" темой; ежемесячно появляются новые работы по синтезу и исследованию свойств подобных ОП и сопутствующие им теоретические исследования. Ввиду невозможности осветить в рамках одной рукописи весь объем выполненных исследований, мы ограничимся рассмотрением работ, посвященным исследованиям свойств лишь объемных допированных ОП и наноструктур. Несмотря на кажущуюся простоту соединения-матрицы, в основном рутила или анатаза, расчет электронной структуры допированных оксидов и наноструктур с точностью, достаточной для химических приложений, является непростой задачей. Результаты отнюдь не всех теоретических работ заслуживают доверия, поэтому одной из целей монографии является провести критический анализ ряда работ и показать тот уровень приближений, который позволяет получать надежные результаты, представляющие интерес для широкого круга химиков. В первом разделе книги мы обсуждаем соотношения между электронной зонной структурой, динамикой электронных возбуждений в объемных ОП и фотохимическими реакциями на поверхности. Рассматриваются результаты исследований как чистых, так и допированных ОП. При обсуждении теоретических работ упор делается на проблемы надежности результатов. Второй раздел посвящен исследованиям электронной зонной структуры и фотокаталитической активности наноструктур на основе ОП. Рассматриваются проблемы выбора структурных моделей и соотношения между структурой наночастиц и их оптическим поглощением. Основные выводы резюмированы в заключении.

Глава 1.

Электронное строение и фотокаталитическая активность объемных оксидных фотокатализаторов.

1.1. Соотношения между электронной структурой, оптическим поглощением, динамикой возбужденных состояний и фотохимическими реакциями.

Обзоры экспериментальных работ по ФКА имеются в монографиях[3,6], в серии статей[13] и обзорах[8-16]. Соотношения между составом, оптическими свойствами и ФКА рассматривались в ряде экспериментальных работ[1,17-23]. Было показано, что фотокаталитические свойства ОП напрямую зависят от их электронной зонной структуры; в наиболее сжатом виде представления об этих зависимостях показаны, например, в статьях[4,24]. Кроме того, из первого закона фотохимии[3] следует, что необходимым, хотя и недостаточным условием протекания фотокатализа является условие: $hv \geq E_{fb}$, где hv - энергия фотона, E_{fb}- энергия края фундаментального поглощения, которая определяется

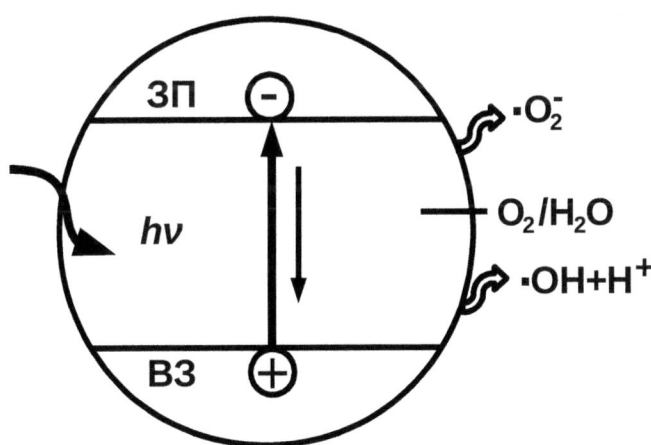

Рисунок 1. Схематическое представление первых стадий фотокаталитических процессов на поверхности ОП[24].

особенностями электронной структуры полупроводника, в частности прифермиевской областью электронного спектра. Согласно второму закону фотохимии каждый поглощенный квант света способен генерировать не более одной химически активной частицы. В эксперименте наблюдается расхождение между числом поглощенных фотонов и числом активированных частиц, что связано со сложностью многостадийного процесса фотокатализа. В связи с этим вводится понятие квантового выхода (КВ), который равен отношению числа действительно прореагировавших молекул к числу поглощенных фотонов. КВ фотохимического процесса определяется многими стадиями фотокатализа: скоростями объемной и поверхностной рекомбинации свободных электрона и дырки, диффузией свободных носителей заряда к поверхности фотокатализатора, люминесценцией, др. Хотя детали фотохимических процессов в объеме и на поверхности ОП могут заметно различаться в зависимости от состава ОП, вида адсорбированных на его поверхности молекул, в настоящее время имеется общепринятое представление о том, что в первые стадии фотокаталитических процессов являются однотипными. Схема этих стадий показана на рис. 1 на примере электронной структуры бездефектного ОП.

Основными зонами электронных состояний в бездефектном ОП являются полностью занятая электронами валентная зона (ВЗ) и пустая зона проводимости (ЗП), разделенные запрещенной зоной (ЗЗ). Ширина ЗЗ в рутиле равна 3.0 эВ, в анатазе 3.2 эВ, в цинсите 3.3 эВ, т.е фундаментальное оптическое поглощение происходит в УФ области. При поглощении УФ кванта hv генерируются дырки (h^+) в ВЗ и электроны (e^-) в ЗП, т.е. фотокаталитический процесс начинается с реакции вида (на примере диоксида титана):

$$TiO_2 + hv \rightarrow TiO_2 \, (e^- + h^+) \tag{1}$$

Поскольку дырки в ВЗ имеют низкую энергию, они обладают большим окисляющим потенциалом, способствующим передаче электронов от адсорбата к субстрату. Фотокаталитические реакции обычно идут в средах, содержащих воду и молекулярный кислород, поэтому на поверхности ОП происходит окисление молекул воды с образованием активных частиц - гидроксильных радикалов:

$$TiO_2(h^+) + H_2O \rightarrow TiO_2 + OH^{\cdot} + H^+ \tag{2}$$

Кроме того, с участием дырок может присходить образование перекиси водорода:

$$TiO_2(h^+) + 2H_2O \rightarrow TiO_2 + H_2O_2 + 2H^+ \tag{3}$$

Гидроксильный радикал и перекись водорода в дальнейшем могут реагировать с органическими загрязнителями, например, с ацетальдегидом[25], начиная серию реакций, заканчивающуюся образованием воды и двуокиси углерода. Кроме того, могут происходить реакции с клеточными структурами бактерий, приводящие к их разложению. На реакциях такого вида основано применение ОП для обеззараживания окружающей среды от органических загрязнителей и бактерий. Возбужденные электроны в ЗП реагируют с молекулярным кислородом окружающей среды, образуя супероксидный анион O_2^-:

$$TiO_2(e^-) + O_2 \rightarrow TiO_2 + O_2^- \tag{4}$$

Далее возбужденный ОП может реагировать с супероксидным анионом и водородным катионом с образованием перекиси водорода:

$$TiO_2(e^-) + O_2^- + 2H^+ \rightarrow TiO_2 + H_2O_2 \tag{5}$$

Т. е. и при этом образуются активные компоненты, способствующие обеззараживанию окружающей среды - см. детали в[24]. Упрощенная схема основных процессов динамики возбуждений в бездефектном полупроводнике показана на рис. 2. За процессом поглощения оптического кванта (А) следует релаксация электрона на дно ЗП (процесс В), а дырки - на потолок ВЗ с передачей энергии от электрона или дырки фононам. Параллельно следует связывание электрона и дырки в состояние экситонной зоны (ЭЗ). Электрон из состояния ЗП или ЭЗ может рекомбинировать с дыркой с передачей энергии фотонам или на возбуждение других электронно-дырочных пар. На рисунке 2 для примера показана рекомбинация с высвечиванием, т.е люминесценция (процесс С). За время существования электрона и дырки происходит также транспорт возбужденных электронов на нижнюю незанятую орбиталь адсорбата (ННО) и электронов из верхней занятой орбитали адсорбата (ВЗО) на дырочное состояние в ВЗ, т.е. транспорт дырки в ВЗО (процесс D). В результате адсорбированная молекула оказывается в возбужденном состоянии, с дыркой на связывающем ВЗО-состоянии и электроном на антисвязывающем ННО

13

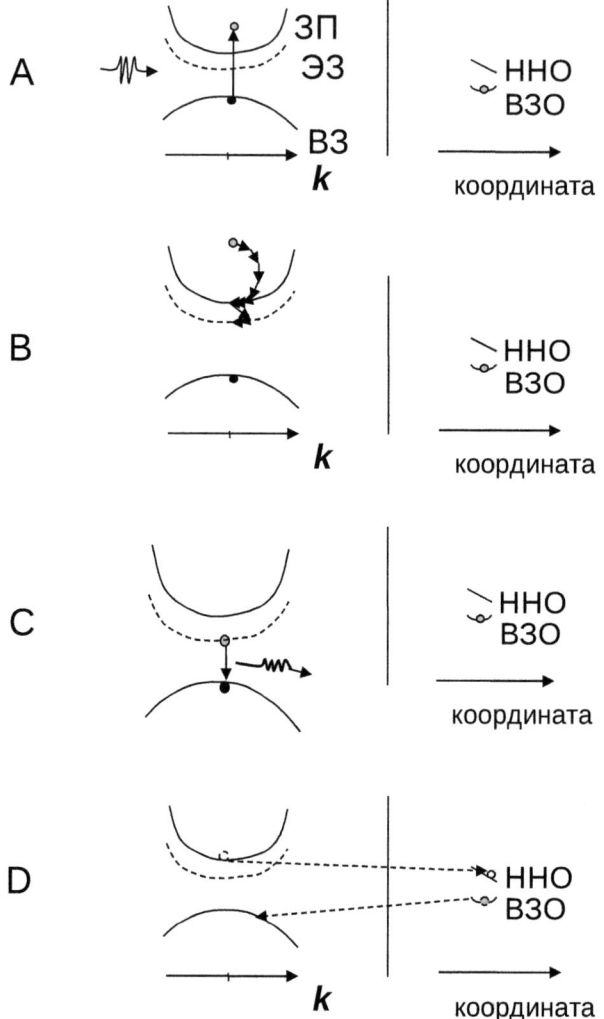

*Рисунок 2. Схематическое представление процессов электронной динамики в объеме и на поверхности бездефектного ОП. В левом столбце ЗП- зона проводимости, ВЗ - валентная зона, ЭЗ -экситонная зона. Энергия состояний в ВЗ и ЗП характеризуются импульсом **k**. В правом столбце ННО - нижняя незанятая орбиталь адсорбата, а ВЗО - верняя занятая орбиталь адсорбата; энергия этих орбиталей зависит от координат атомов.*

-состоянии. Дальнейшая судьба молекулы зависит от времени жизни ее возбужденного состояния. При малом времени жизни, когда потеря энергии возбуждения происходит быстрее, чем цикл молекулярных колебаний, происходит рекомбинация возбужденного электрона и дырки с возвращением молекулы в основное состояние[26]. При большом времени жизни возбужденного состояния и когда отклонения атомов от положений равновесия достигают больших значений, молекула не возвращается в основное состояние, но происходит перестройка или распад молекулы[26].

Отсюда видно, что вероятность фотохимического превращения адсорбированной молекулы определяется рядом характеристик динамики возбужденных состояний. 1). Оптическим поглощением соединения. 2). Временем релаксации электрона на дно ЗП и дырки на потолок ВЗ. 3). Временем электронно-дырочной рекомбинации. 4). Скоростью и энергией связывания электрона и дырки в экситонное состояние. 5). Временем рекомбинации экситонов. 6). Скоростями передачи электронов между ОП и адсорбированой молекулой. 7). Временем жизни возбужденного состояния молекулы.

Очевидно, что в целом проблема фотохимических превращений является весьма сложной и пока недоступной для решения первопринципными методами квантовой химии, за исключением возможности оценки оптического поглощения. Имеется, однако, ряд обстоятельств, позволяющих добиться частичного успеха. Так, в обзоре[3] приводятся данные, показывающие, что степень влияния времени рекомбинации на ФКА зависит от интенсивности облучения. При большой интенсивности облучения число генерируемых электронно-дырочных пар велико. Если за время меньше времени рекомбинации пары не израсходуются полностью на фотохимические реакции, можно ожидать наличия корреляции между временем рекомбинации и ФКА. При малой интенсивности облучения образуется малое количество электронно-дырочных пар, которые за время меньше времени рекомбинации могут полностью израсходоваться на фотохимические реакции. Тогда время рекомбинации не будет влиять на ФКА, что, по-видимому, имеет место при облучении солнечным светом. В данной ситуации можно ожидать, что из двух соединений с близкими свойствами, т.е. имеющих близкие структуры и обладающих фотокаталитической активностью в реакциях одного и того же типа, более эффективным будет то, в котором солнечный свет может генерировать большее количество электронно-дырочных пар, т.е. соединение с большим поглощением в оптической области. Примером может служить анатаз, допированный разными элементами. Поэтому в дальнейшем мы ограничивается проблемами оптического поглощения, отнеся на будущее анализ ряда весьма интересных работ по динамике электронных возбуждений в ОП и на их поверхности.

1.2. Электронная зонная структура и оптические характеристики бездефектных ОП.

Экспериментальные данные по оптическому поглощению в бездефектных анатазе, рутиле и цинсите известны давно, см. работу[27] и библиографию в ней. В литературе имеется и много примеров первопринципных расчетов зонной структуры и свойств бездефектного диоксида титана в структуре рутила и анатаза[28-42], и в нетипичных для данного оксида структурах флюорита, пирита[37] и брукита[33]; были выполнены также расчеты для бездефектного цинсита[43-45].

Из характеристик оптических свойств наибольший интерес представляет мнимая часть диэлектрической функции $\mathbf{\varepsilon_2}$, определяющая интенсивность переходов электронов из состояний ВЗ (VB) в состояния ЗП (СВ) в присутствии электрического поля светового излучения. Она находится из уравнения[46]:

$$\mathbf{\varepsilon_2}(q \to O_u, \hbar\omega) = \frac{2e^2\pi}{\Omega\varepsilon_0} \sum_{K,C,V} \left| \left\langle \Psi_K^C \middle| u \cdot r \middle| \Psi_K^V \right\rangle \right|^2 \times \delta\left(E_K^C - E_K^V - E\right), \qquad (6)$$

Здесь u - вектор, определяющий поляризацию электрического поля светового излучения, К - вектор обратной решетки, а $\left\langle \Psi_K^C \middle| u \cdot r \middle| \Psi_K^V \right\rangle$ - матричные элементы, определяющие вероятности возбуждений электронов с уровней E_K^V в валентной зоне на уровни E_K^C в зоне проводимости (моменты переходов). Наличие предела $q \to 0$ означает, что в расчетах пренебрегают малым по сравнению с векторами

16

обратной решетки кристалла волновым вектором света, т.е. учитываются все возможные прямые возбуждения электронов из ВЗ в ЗП. Далее посредством преобразования Крамерса-Кронига можно найти вещественную часть диэлектрической функции ε_1 и вычислить коэффициенты отражения и поглощения. Оптические постоянные: показатель преломления n и главный показатель поглощения k находятся из системы уравнений[47]:

$$n^2 - k^2 = \varepsilon_1 \qquad (7)$$

$$2kn = \varepsilon_2 \qquad (8)$$

т.е. по формулам:

$$n = (\varepsilon_1/2 + ((\varepsilon_1/2)^2 + (\varepsilon_2/2)^2)^{1/2})^{1/2} \qquad (9)$$

$$k = \varepsilon_2/(2n) = \varepsilon_2/(2(\varepsilon_1/2 + ((\varepsilon_1/2)^2 + (\varepsilon_2/2)^2)^{1/2})^{1/2}) \qquad (10)$$

$$K = 2\varpi k/c, \qquad (11)$$

где c – скорость света.

Зонные состояния чаще всего вычисляются методами теории функционала электронной плотности (ФЭП)[48]. Очевидно, что для правильных расчетов оптических свойств оксидов необходимо как минимум иметь согласие между разностями расчетных энергий пустых и занятых зон и экспериментальными энергиями низкоэнергетических возбужденных состояний. Однако, в случае ОП добиться такого согласия представляет непростую задачу. Главная проблема заключается в том, что во всех расчетах зонной структуры, основанных на 'традиционной', т.е. нескорректированной тем или иным способом, теории ФЭП с локальным (LDA) или нелокальным (GGA) обменно-корреляционным потенциалом получается заниженное значение ЗЗ. Таковы, например, расчеты для рутила, анатаза[33,37] или цинсита[44]. Сопоставление экспериментальных энергий зонных состояний на главных направлениях в зоне Бриллюэна, полученных методом фотоэмиссионной спектроскопии с угловым разрешеном, с результатами расчетов методами теории ФЭП также показывает различия в пределах 0.5 эВ[32]. Теория ФЭП является теорией основного состояния электронно-ядерных систем, и обладает весьма высокой точностью расчета свойств этого состояния, например, характеристик кристаллической структуры:

модулей упругости, энергии когезии, энтальпии образования, фононных частот и др.[49]. Сопоставление вычисленных на основе теории ФЭП электронных зонных энергий с энергиями возбужденных состояний методически не вполне корректно. Строгая теория возбужденных состояний была построена на основе многочастичной теории твердых тел[50]. Многочастичная теория в принципе позволяет вычислить поправки к зонным энергиям теории ФЭП, учет которых приводит к улучшению согласия с экспериментальными данными по энергиям возбуждений. Из методов данной теории наибольшее применение нашел т.наз. метод GW[51,52], однако, он чрезвычайно трудоемок, и нам известна лишь одна работа[53], в которой для анатаза были вычислены GW-поправки к зонным энергиям. Менее трудоемкими являются методы теории ФЭП, в которых точно вычисляется обменная часть обменно-корреляционного потенциала[54]. Они позволяют значительно (на 60-70 %) уменьшить ошибку в расчете ширины ЗЗ в полупроводниках, в частности, в цинсите[55]. Однако, быстродействие таких методов также недостаточно велико. В последнее время применение находят и т.наз. методы гибридного функционала, см. например, расчеты для рутила[56], в которых короткодействующая часть атомного псевдопотенциала корректируется путем добавления к ней некоторой доли обменного потенциала из метода Хартри-Фока. Простейшим способом коррекции зонной структуры ОП является метод 'ножничного оператора', т.е. сдвиг ЗП как целого в сторону высокой энергии[38] с тем, чтобы получить значение ЗЗ, совпадающее с экспериментальным. Также относительно простыми, но физически более обоснованными являются метод LDA+U[57] и его спин-поляризованный аналог LSDA+U[57]. В данных методах расчеты зонной структуры выполняются методами теории ФЭП в приближении локального обменно-корреляционного потенциала (LDA, LSDA), но расчеты корректируется посредством введения для состояний d- или f-типа одноцентровых поправок к кулоновскому и обменному потенциалу. Параметры этих поправок, U и J, могут быть вычислены из первых принципов[57], но зачастую находятся из подгонки расчетной величины ЗЗ к экспериментальным данным. Такие расчеты были выполнены для анатаза и рутила авторами работ[40,58,59,60]. На рис. 3 показаны плотности электронных состояний в анатазе, полученные в работах[59,60] методом ЛМТО теории ФЭП[61] без коррекции на

18

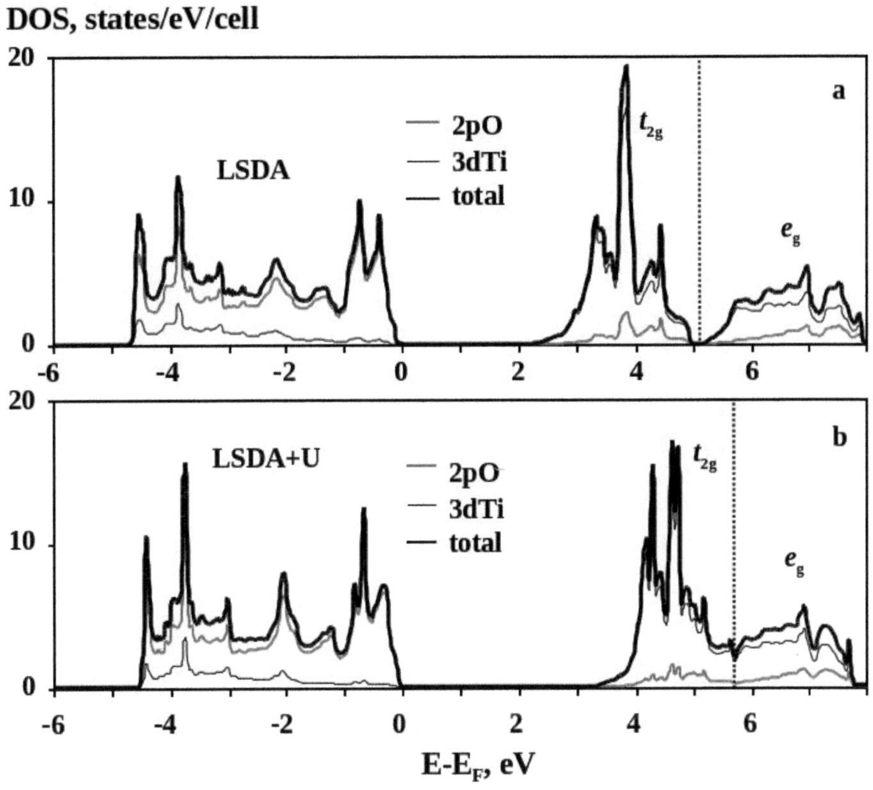

DOS, states/eV/cell

Рисунок 3. *Полные и парциальные плотности состояний (ПС) в анатазе в LDA-приближении (а) и в LDA+U-приближении (б)*[59,60].

кулоновскую корреляцию и обмен и с такими коррекциями. Видно, что в LDA+U-расчетах достигается хорошее соответствие ширины 33 (3.2 эВ) экспериментальным данным. Кулоновские и обменные поправки могут быть учтены и при расчетах методами теории ФЭП с более совершенным, чем в локальном приближении (LDA), видом обменно-корреляционного потенциала. Так, в работе[45] был предложен и опробован на примере ZnO метод GGA+U, в котором обменно-корреляционный потенциал вычисляется в обобщенном градиентном приближении (GGA) и корректируется введением кулоновских и обменных поправок, параметры которых определяются полуэмпирически. Согласно экспериментальным данным, зона 3d-состояний цинка в цинсите расположена ниже ВЗ, состоящей из 2p-состояний кислорода. Нескорректированные расчеты (GGA) приводят к существенным разногласиям с экспериментом: расчетная ширина ЗЗ, 0.7 эВ, существенно меньше экспериментальной, 3.4 эВ, а зона 3d-состояний цинка перекрывается с ВЗ. Введение U-, J - поправок к обменно-корреляционному потенциалу увеличивает ширину ЗЗ до 2.7 эВ и опускает зону 3d-состояний цинка на 2 эВ, значительно уменьшая отличия от эксперимента. Использование метода GW в рамках GGA+U-модели или гибридного обменно-корреляционного HSE функционала повышает значение ЗЗ до 3.25 эВ и 3.34 эВ[62], приближая к экспериментальному значению, 3.4 эВ для цинсита.

В ряде работ были выполнены первопринципные расчеты диэлектрической функции для 'нетипичных' фаз диоксида титана и оксида цинка с целью предсказать фазы, имеющие поглощение в видимой области. В работе[33] вычислялись свойства обычных диоксида титана в структуре рутила, анатаза и 'нетипичной' структуры брукита, в работе[37] рассчитывались свойства рутила и гипотетических кубических фаз диоксида титана со структурой флюорита и пирита, в работе[44] - свойства обычного цинсита со структурой вюрцита и фаз, получаемых под давлением, со структурой цинковой обманки и каменной соли. Энергетическая зависимость диэлектрической функции для структуры анатаза, рутила и брукита представлена в работе[33]. Расчеты предсказывают, что три изученные фазы имеют почти одинаковое поглощение, с началом при 2 эВ, заниженным вследствие отмеченной выше погрешности теории ФЭП. Очевидно, однако, что для брукита не следует ожидать поглощения в оптической области. Мнимая часть диэлектрической функции, вычисленна в работе[37] для диоксида титана со структурой рутила, пирита и флюорита. В данной работе, методом 'ножничного оператора', энергии состояний ЗП для всех фаз были увеличены на 1.2 эВ для получения для рутила соответствия расчетной ширины ЗЗ экспериментальным данным. Расчеты предсказывают для флюоритной структуры наличие поглощения в видимой области, однако, остается неясным, можно ли применять для всех трех фаз одинаковый сдвиг состояний ЗП.

Расчеты[44] для трех структур оксида цинка предсказывают, что в случае структуры каменной соли можно ожидать сдвига края поглощения в ультрафиолетовую область. Для прочих структур расчетная энергия края поглощения составляет ~ 0.8 эВ, что значительно ниже экспериментальных данных для цинсита. Поэтому требуются более правильные расчеты, вероятно, скорректированные по обмену и корреляции в духе методов LDA+U и GGA+U или расчеты с использованием гибридного функционала.

1.3. Электронная зонная структура и оптические характеристики нестехиометрических и допированных ОП.

Был выполнен ряд экспериментальных исследований, относящихся к зонной структуре, оптическим спектрам и фотокаталитической активности допированных ОП:

- по анатазу, допированному водородом[63], водородом и ниобием[64],

- по смеси анатаза и рутила, допированной литием[65], азотом[66],

- по анатазу и рутилу, допированным азотом[67], бором[68],

- по анатазу, допированному бором[69], бором и азотом[70], азотом[71,72],

- по анатазу, допированному углеродом[25], углеродом и азотом[73], углеродом и ванадием[25,74],

- по рутилу, допированному азотом[75],

- по анатазу и рутилу, допированным азотом или серой[76],

- по смеси анатаза и рутила, допированной ванадием[77],

- по анатазу, допированному алюминием[78],

- по рутилу, допированному V, Cr, Mn, Fe[79],

- по рутилу, допированному Fe, Mn, Cr, Co, Ni, Cu, Zn[80],

- по анатазу, допированному Co[81], Zr[82],

- по смеси анатаза и рутила, допированной Fe[20], Pt[17],

- по анатазу, допированному Bi и B[83], Bi и N[84],

- по смеси анатаза и рутила, допированным Cu[85].

Ряд полезных ссылок имеется и в библиографии указанных работ. Имеется таже ряд расчетов электронной структуры допированных и нестехиометрических ОП:

- рутила, нестехиометрического по кислороду[42,56,86,87,88] и титану[87] и допированного кобальтом[58],

- анатазу, нестехиометрическому по кислороду[59,89]

- анатаза, допированного водородом и азотом[90],

- анатаза, допированного литием[91,92],

- анатаза, допированного бором[39,93], бором или углеродом или азотом[94,95], рутила, допированного бором[96],

- рутила, допированного углеродом[40], углеродом и/или азотом[97,98],

- анатаза, допированного азотом[99-101], углеродом[102], углеродом или азотом[103], углеродом и ванадием[60], азотом или йодом[104],

- анатаза и рутила, допированных азотом[41,65],

- анатаза, допированного Mn или Fe или Co или Ni или Cu[105], Co[106,107],

- анатаза и рутила, допированных V или Nb или Ta[108], Mn или Fe или Co или Ni или Cu[86], Co[80],

- анатаза, допированного ванадием[60,109-111], серебром[112], цирконием[81], РЗЭ[113],

- рутила, допированного ванадием[114], алюминием[42],

- анатаза, допированного висмутом и/или серой[115], углеродом и/или висмутом [116],

- рутила, допированного Bi или Sn или Pb или Sb или Cr или Mn или Fe илиСо [117],

- цинсита, нестехиометического по кислороду[43,45,62], содержащего междуузельные атомы кислорода, вакансии в подрешетке цинка и междуузельные атомы цинка[45],

- цинсит, допированный литием или натрием [118].

По сравнению с описываемым в начале этого параграфа допированием атомами *d*-элементов, допирование ОП атомами *s-*, *p*-элементов приводит к термически более устойчивым фазам вследствие более сильной ковалентной связи между атомами титана и примесными *s-*, *p*-атомами, чем между примесными *d*-атомами и атомами кислорода[67]. Поэтому эффекты допирования *s-*, *p*-элементами изучались в большом ряде экспериментальных и теоретических работ. Почти все исследования были выполнены по допированию замещением атомов кислорода; ниже, если не указывается другое, имеется в виду этот тип допирования. Теоретически допирование или нестехиометрия обычно моделируется с использованием модели сверхячейки. Элементарную ячейку матрицы увеличивают в несколько раз и один из узлов (междоузлий) заменяют на атом примеси. Данная модель хорошо работает для случая малых концентраций атомов примеси, определяемых размером сверхячейки. Приближением данной модели является пространственное упорядоченное расположение атомов примеси. Другой подход в описании электронного спектра легированных соединений – приближение когерентного потенциала, основанное на самосогласованном нахождении когерентного потенциала, описывающего эффективную среду, содержащую равновероятно распределенную примесь. Данный подход использован в работе[88] впервые для расчетов электронного спектра нестехиометрического рутила с неупорядоченным расположением вакансий. Метод когерентного потенциала позволяет корректно рассчитывать электронные спектры большинства реальных неупорядоченных, нестехиометрических твердофазных соединений (оксидов, нитридов, карбидов, сульфидов и др.), в широком диапазоне концентраций примесей и собственных дефектов с достаточно высокой скоростью. В дальнейшем мы ограничимся обсуждением лишь ряда работ, как содержащих типичные погрешности, так и представляющих надежные данные. Так, в расчетах[86,87] зонной структуры нестехиометрического рутила было получено значение ЗЗ 2 эВ, на 30 % ниже экспериментального, и отсутствие вакансионных состояний внутри ЗЗ.

Более правильны расчеты[42] гибридным методом Хартри-Фока - теории ФЭП для нестехиометрического рутила, в которых получено значение ЗЗ равное 3.5 эВ, а также показано наличие зоны состояний дефекта при энергии -1.2 эВ относительно дна ЗП. Эти результаты хорошо соответствуют экспериментальным спектрам поглощения нестехиометрического полупроводникового рутила, имеющим аналогичную полосу с максимумом около -1.0 эВ [119]. В работах[59,108,89] были выполнены расчеты зонной структуры нестехиометрического анатаза с учетом одноузельных кулоновских корреляций на атомах титана в рамках LSDA+U и GGA+U- моделей. В этих работах в правильной ширине ЗЗ, было установлено наличие зоны состояний вакансии с энергией -0.8 эВ[108], -0.5 эВ[59] и -0.91 эВ[89] относительно дна ЗП. Плотность электронных состояний в нестехиометрическом анатазе согласно работе[59] показана на рис. 4 вместе с соответствующими фотоэмиссионными данными из

ПС, 1/эВ/яч.

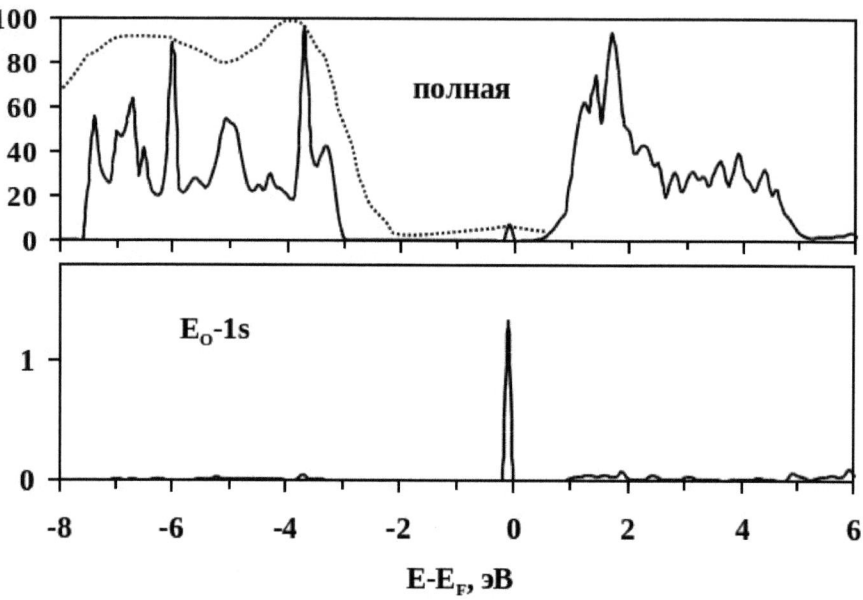

Рисунок 4. *Верхняя панель: полная плотность электронных состояний в нестехиометрическом анатазе согласно работе[59] (сплошная линия), а также экспериментальный фотоэмиссионный спектр анатаза, содержащего кислородные вакансии[67] (штриховая линия). Нижняя панель: парциальная плотность 1s-состояний (E_O-1s) в сфере, помещенной в позицию кислородной вакансии[59].*

работы[67]. Присутствие полосы вакансионных состояний при энергии около -0.8 эВ подтверждается фотоэмиссионными данными[120]. При расчете электронного спектра нестехиометрического рутила $TiO_{2-\delta}$, $0 \leq \delta \leq 0.4$ в рамках метода СРА[88] использовался простой, но корректный метод 'ножничного оператора', т.е. сдвиг зоны проводимости в сторону высоких энергий для получения значения ЗЗ, 3.06 эВ, совпадающего с экспериментальным. Результаты СРА расчетов приведены на рисунке 5. С увеличением кислородной нестехиометрии δ в области ЗЗ безвакансионного TiO_2 появляется, растет и уширяется вакансионный пик плотности электронных состояний. Данный пик

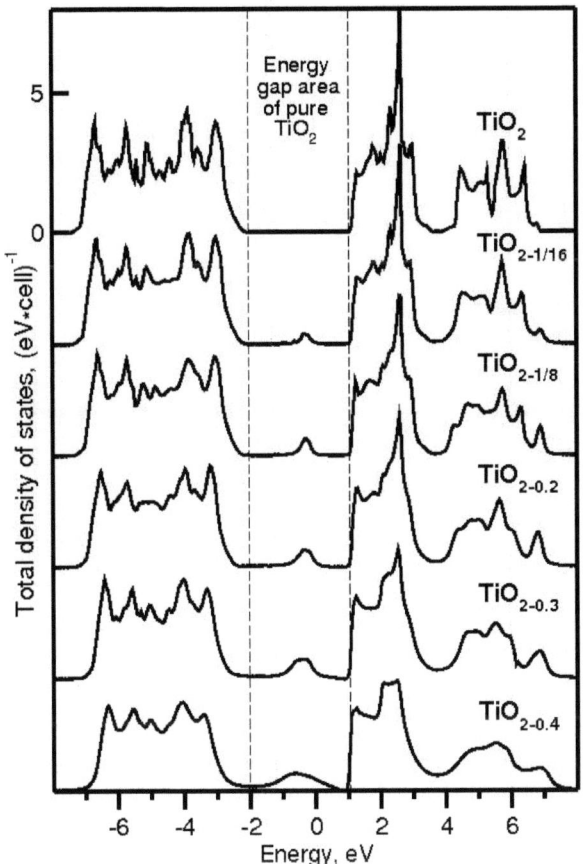

Рисунок 5. Полная плотность состояний безвакансионного и нестехиометрического диоксида титана со структурой рутила[88].

имеет *s*-симметрию и вклады от *p*-состояний кислорода и *d*-состояний титана. Валентная полоса, сформированная, в основном, *p*-состояниями кислорода, сужается за счет уменьшения гибридизации оставшейся доли кислородных состояний с Ti 3*d* состояниями. Дно зоны проводимости, сформированное *d*-состояниями титана t_{2g} симметрии, практически не изменяется, наблюдается небольшое размытие пиков плотности электронных состояний. Полные плотности состояний TiO_2 и $TiO_{2-1/8}$ хорошо соотносятся с экспериментальными фотоэмиссионными спектрами частично восстановленного диоксида титана

25

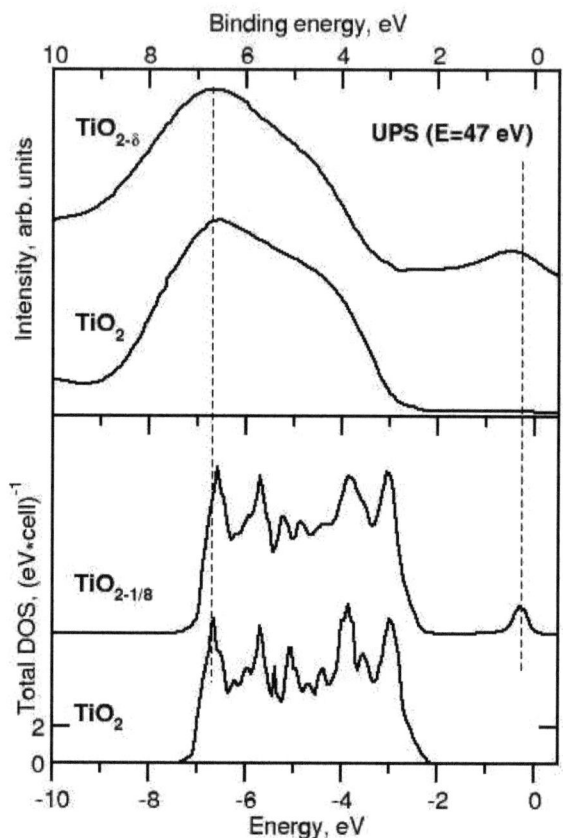

Рисунок 6. Сопоставление ультрофиолетовых фотоэмиссионных спектров[121] с рассчитанной плотностью электронных состояний для стехиометрического и дефектного диоксида титана[88].

(рис. 6)[121]. Интересно, что учет релаксации кристаллической решетки окрестности вакансии приводит лишь к относительно небольшому, на 0.2 эВ, повышению энергии этих состояний. Заметим, что кислородная вакансия не может иметь электронных состояний, локализованных непосредственно на вакансии. Поэтому состояния, именуемые вакансионными, фактически состоят из орбиталей ближайших к вакансии атомов титана. Состояния ЗП являются антисвязывающими относительно взаимодействия титан-кислород. При удалении атома кислорода антисвязывание уничтожается, поэтому появление вакансионных состояний можно интерпретировать как понижение энергии 3d-состояний атомов титана, ближайших к вакансии. Поскольку при этом электроны, ранее захваченные ионами O^{2-}, возвращаются атомам титана, вакансионные состояния электрически нейтральной вакансии можно интерпретировать как состояния трехвалентного титана, Ti^{3+} [61]. Отрицательно заряженные состояния вакансии могут реализоваться при наличии дополнительных донорных пятивалентных примесей, а положительно заряженные - при наличии акцепторных трехвалентных примесей [95,98, 118,122].

Весьма интересна работа [64], в которой были исследованы спектры поглощения анатаза, отожженного в токе кислорода и водорода. Исходный синтезированный авторами монокристалл анатаза голубого цвета имеет поглощение в видимой области, начиная с 1.5 эВ. Авторы относят это поглощение к предполагаемому ими наличию в кристалле гидроксильных групп, которые образуются из-за использования в процессе синтеза хлорида аммония. При отжиге в атмосфере кислорода в течении 1-2 часов при температуре 500-600 °C начальный водород улетучивается и поглощение гидроксильными группами исчезает. Взамен появляется полоса поглощения с максимумом около 2.9 эВ, которую авторы относят к уровням кислородных вакансий, занятым электронами. Наличие этой полосы придает анатазу желтый цвет. При последующем отжиге при более высокой температуре полоса исчезает из-за заполнения вакансий атомами кислорода, и анатаз становится бездефектным и прозрачным. Если бездефектный анатаз отжигать далее в токе водорода, то появляется полоса поглощения в видимой области, интенсивность которой при большой длительности отжига становится весьма большой. Поэтому можно ожидать, что допированный водородом анатаз будет проявлять большую фотокаталитическую активность. Соответствующие экспериментальные данные по ФКА отсутствуют.

Теоретические расчеты для рутила, допированного водородом, но без оценки оптических свойств, были выполнены в работе [123] методом GGA+U. Заметим, что исследования поведения водорода в структуре оксидов является интересным с многих точек зрения. В работе [123] была предложена модель, позволяющая оценить энергию водородных уровней для H^+ и H^- - состояний. На основе первопринципных расчетов и данной модели было показано, что как нейтральные, так и заряженные атомы водорода образуют уровни около 1 эВ ниже дна ЗП в рутиле. Было показано, что в случае комплектного по кислороду рутила атомы водорода должны образовывать комплексы ОН[+], а в дефектном по кислороду рутиле они могут занимать позиции кислородных вакансий. Вероятность появления заряженных форм водорода определяется возможностью допирования рутила донорными (фтор, хлор) или акцепторными примесями (азот); этот вопрос требует дополительной проработки. Имеются экспериментальные данные по фотокаталитической активности и теоретические расчеты электронной зонной структуры анатаза, допированного одновременно азотом и водородом[90] - они обсуждаются ниже. Результаты расчетов электронной структуры нестехиометрического по кислороду цинсита не всегда надежны. Так, в работе[43] расчетная ширина ЗЗ была только 0.8 эВ, и в результате зона вакансионных состояний оказалась на 0.1 эВ выше дна ЗП. Аналогичным образом, в расчетах[45] без принятия мер по улучшению ширины ЗЗ зона вакансионных состояний совпадала с дном ЗП. Однако, проведенная авторами коррекция расчетов путем введения корреляционных поправок для *d*-состояний цинка в духе GGA+U-подхода привела к сдвигу зоны вакансионных состояний до уровня на -0.6 эВ относительно дна ЗП. Это разумно соответствует экспериментальным спектрам поглощения нестехиометрического цинсита, показывающим наличие полосы состояний дефекта на 0.7 эВ ниже дна ЗЗ[124]. В расчетах, выполненных в рамках моделей GGA+U и гибридного HSE функционала[62], узкая полоса состояний кислородных вакансий расщепляются на пустую полосу дефектных состояний вблизи дна ЗП и заполненную полосу электронных состояний дефекта вблизи ВЗ. Максимальная энергия расщепления полосы состояний кислородных вакансий, 2 эВ, рассчитана в приближении гибридного функционала.

Правильный расчет энергии зонных состояний дефектов требует как минимум правильного расчета ширины ЗЗ. По этой причине, вероятно, ненадежны результаты расчетов энергии состояний примесей бора в анатазе[39], т.к. ширина ЗЗ в этих расчетах получилась почти в 2 раза меньше экспериментальной. Допированный бором анатаз также проявляет каталитические свойства в видимой области света[69], но результаты работы[39] не дают надежного объяснения этому явлению. Отметим лишь один странный результат расчетов[39]. Поскольку бор трехвалентен, замещение атомами бора атомов 4-валентного титана должно из-за нехватки электронов приводить к появлению дырок у потолка ВЗ. Между тем, согласно[39] плотность валентных состояний в чистом анатазе и в анатазе с замещением титана на бор различаются чрезвычайно мало. Более позднии работы[94,95] авторов данного обзора не имеют подобных недостатков.

В работе[102] по анатазу, допированному углеродом, ширина ЗЗ в анатазе также значительно меньше экспериментальной. В расчетах[59,60] для анатаза, допированного углеродом, ванадием и одновременно углеродом и ванадием, комплектного и дефектного по кислородной подрешетке, были учтены корреляционные U-, J-поправки для $3d$-состояний Ti и V. Плотности состояний, полученные в данных расчетах, приведены на рис. 7. Расчетная ширина ЗЗ, 3.2 эВ, согласуется с экспериментальными данными; при допировании углеродом и ванадием она практически не изменяется. Допирование моделировалось путем замены на атом углерода одного из кислородных атомов расширенной $2\times2\times2$ элементарной ячейки $Ti_{16}O_{32}$, что соответствует 6.25%-замещению. Аналогично были проведены расчеты для 6.25%-замещения титана на ванадий; примесные состояния углерода образуют 3 узкие зоны (A', B', C') внутри ЗЗ, рис. 7б, 7в. Примесные состояния ванадия также расположены внутри ЗЗ. Положение этих полос в области ЗЗ практически совпадает с положением трех уровней атома ванадия в электронном спектре (ЭС) легированного ванадием рутила, установленным на основе экспериментальных исследований[125]. Из экспериментальных данных[125] следует, что уровни A и B имеют относительно края зоны проводимости энергии соответственно 2.1 и 0.8 eV, а уровень C находится выше края зоны проводимости. Аналогичны данные был получен в других расчетных работах[111,114]: в GGA+U-модели для анатаза, легированного ванадием[111] и в модели гибридного функционала для рутила, легированного ванадием[114]. В случае допирования только ванадием зоны примесных состояний поляризованы по спину и имеют обменное расщепление около 2 эВ, что

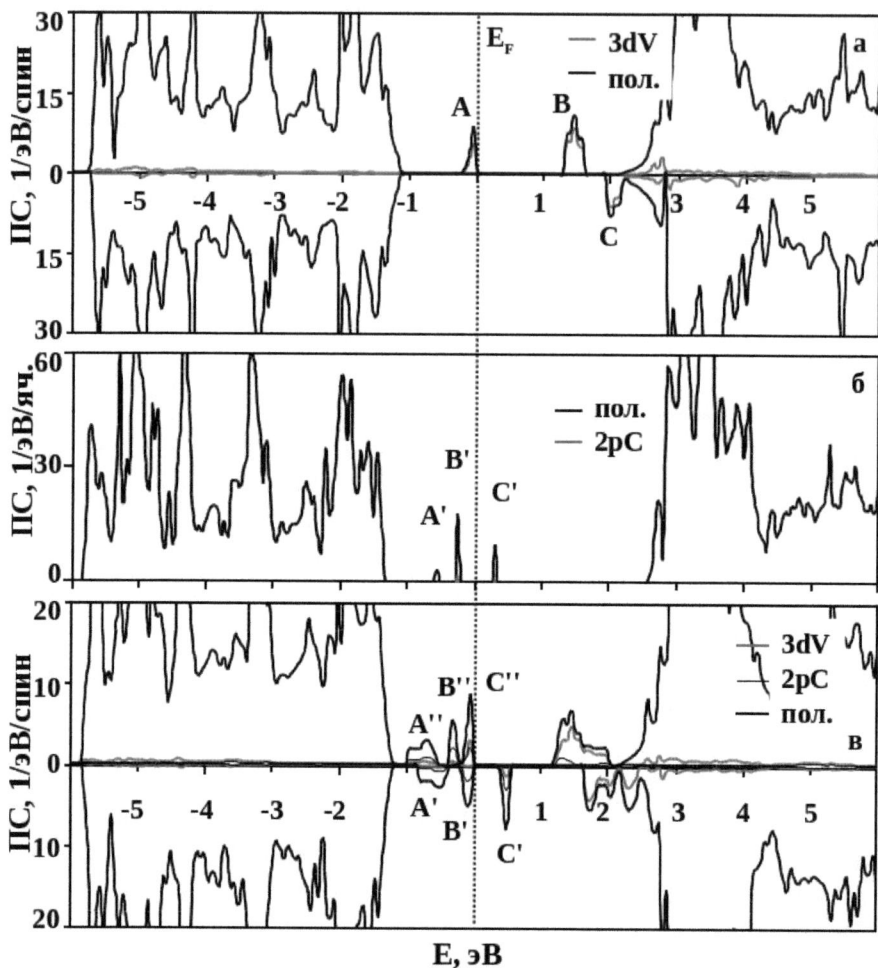

Рисунок 7. Плотности состояний в анатазе, допированном ванадием (а), углеродом (б), ванадием и углеродом (в)[60].

приводит к появлению магнитного момента на атоме ванадия величиной около 1 μ_B[60]. В соответствии с экспериментом[126], допированный ванадием анатаз оказывается полупроводником. При смешанном допировании обменное расщепление величиной около 0.5 эВ появляется и на атоме углерода[60]. Замена атома кислорода на атом углерода приводит к понижению концентрации валентных электронов, уровень Ферми понижается и в результате при смешанном допировании одна из углеродных зон со спином вниз остается незанятой. Вследствии этого образуется магнитным момент величиной около 1 μ_B. В результате взаимодействия атомов ванадия и углерода происходит также уширение ванадиевых зон до ~ 0.6 эВ, однако, углерод-ванадиевые зоны при этом не уширяются. Таким образом, расчеты показывают, что в фотокаталитических реакциях в V-, C-допированном анатазе участвуют тяжелые дырки и относительно легкие электроны.

Работы[60,74] были одними из немногих, в которых были проведены расчеты мнимой части диэлектрической функции (МЧДФ) для допированных оксидов. Энергетическая зависимость МЧДФ для изученных составов показана на рис. 8. Видно, что допирование углеродом ведет как к возрастанию поглощения в УФ-области, так и к появлению поглощения в видимой области начиная с ~ 2.0 эВ. Это соответствует данным работ[25,74], в которых было обнаружено ускорение разложения ацетальдегида и гидрохинона под действием видимого света при допировании анатаза углеродом. Допирование ванадием приводит главным образом к повышению оптического поглощения в ультрафиолетовой области, т.е. при энергии свыше 2.8 эВ. Однако, если анатаз вместе с углеродом допировать и ванадием, это приводит к дальнейшему повышению поглощения и в УФ, и в видимой области, что также соответствует отмеченному в работе[25] увеличению скорости фотокатализа на C-, V-допированном анатазе. Отметим неаддитивность данного эффекта: для C-, V-допированного анатаза имеется пик поглощения с максимумом при 2.2 эВ, аналогов которого нет ни для C-, ни для V-допированного анатаза.

Допированию диоксидов титана азотом посвящено наибольшее число экспериментальных[66,67,70,75,99] и теоретических работ[41,66,90,94,95,99-101,103,104]. Стимулом для данных исследований послужила, по-видимому, работа[99], в которой были проведены экспериментальные исследования по фотокатализу на анатазе, допированном азотом, а также теоретические исследования электронной структуры анатаза, допированного азотом (включая расчеты диэлектрической функции), углеродом, серой, фосфором. Было продемонстрировано ускорение разложения метиленового голубого, которое было интерпретировано как следствие появления оптического поглощения в видимой области. Согласно этой

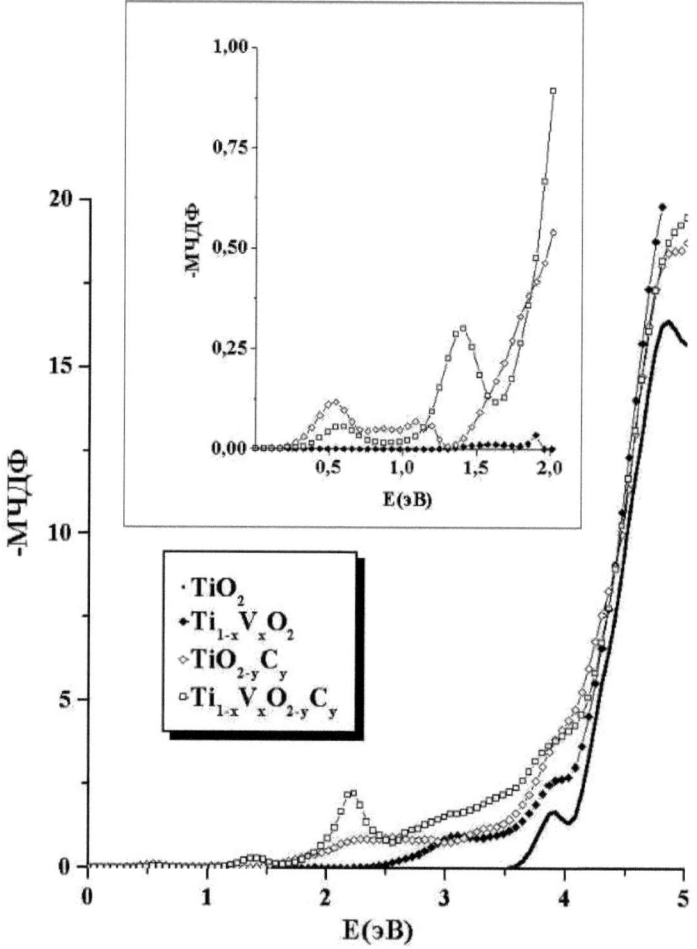

Рисунок 8. *Энергетическая зависимость мнимой части диэлектрической функции чистого анатаза и анатаза, допированного ванадием, углеродом и одновременно ванадием и углеродом[60].*

работе, поглощение в видимой области является результатом появления вблизи дна 33 гибридных азот-кислородных состояний, что подтверждается последующими расчетными статьями[90,94,95,103,104]. Наличие зоны азот-кислородных состояний над верхом ВЗ подтверждается и измерениями фотоэлектронных спектов, выполненных в работе[67].

Отметим различия между зонной структурой и фотокаталитической активностью N-допированного и С-допированного анатаза. Вследствии того, что примесные состояния азота имеют энергию относительно верха ВЗ чистого анатаза ниже, чем примесные состояния углерода, азот-кислородная гибридизация является более сильной, чем углерод-кислородная. Поэтому ширина азотных зон, а следовательно и подвижность дырок в этих зонах больше, чем у электронов в углеродных зонах. В С-, V-допированном анатазе возрастание фотокаталитической активности достигается преимущественно за счет легких электронов в зонах ванадия, т.е. относительно чистого анатаза возрастает скорость в основном восстановительных реакций. В N-допированном анатазе возрастание скорости реакции происходит за счет дырок в гибридных азот-кислородных зонах, т.е. усиливаются окислительные фотокаталитические реакции.

Недостатком всех проведенных расчетов по азотсодержащему анатазу было отсутствие учета U-, J-корреляционных поправок, вследствии чего расчетная ширина ЗЗ была ниже экспериментальной на 30-50 %. Этот недостаток присущ и работе[101], в которой изучалась зонная структура допированных азотом анатаза и рутила. Стимулом к данным расчетам послужили экспериментальные исследования[75], в которых был отмечен сдвиг фотохимической активности N-допированного рутила *в голубую* сторону, т.е. противоположный, чем для допированного анатаза. Авторы утверждают, что при N-допировании рутила ЗЗ должна уширяться. Однако их расчетная ширина для чистого рутила и анатаза, соответственно, на 20 и 30 % ниже экспериментальной, поэтому надежность полученных авторами заключений остается под вопросом.

Недостатком цитированных работ, кроме[94,95,99], является и отсутствие прямых расчетов диэлектрической функции. Поэтому, например, остаются неясными причины повышения фотокаталитической активности анатаза, допированного совместно азотом и водородом, зафиксированные в эксперименте[75] и рассмотренное в теоретической работе[90]. Различия в вычисленных в работе[90] зонных структурах N-допированного и H-, N-допированного анатаза столь незначительные, что остается непонятным, появляется ли при допировании водородом сдвиг оптического поглощения в сторону меньшей энергии. Отметим также, что расчетная ширина ЗЗ мала, 2.1 эВ. Есть и ряд противоречий между работой[90] и более поздней работой[123] по рутилу, допированому водородом. Можно ожидать, что в N-, Н-допированном анатазе, как в рутиле, из-за переноса электронов на атомы азота внутри ЗЗ должны появляться состояния иона Н, однако в расчетах[90] их нет. Некорректны, по-видимому, и расчеты диэлектрической функции N-допированного анатаза, проведенные в работе[41]. Здесь мнимая часть диэлектрической функции имеет ряд низкоэнергетических пиков, энергии которых не соответствует энергиям переходов из занятых состояний в виртуальные.

Теоретические расчеты электронных и оптических спектров анатаза, легированного бором, углеродом и азотом были выполнены в работах[94,95] неэмпирическим методом линеаризованных маффин-тин-орбиталей в приближении локальной спиновой плотности, явным образом учитывающем кулоновские корреляции (LSDA + U). Полные и парциальные плотности состояний для магнитных $TiO_{2-y}B_y$, $TiO_{2-y}C_y$, $TiO_{2-y}N_y$, y = 1/16, согласно LSDA+U расчетам, приведены на рисунке 9. При замещении атома кислорода на атомы B, C, N в области запрещенной зоны ЭС анатаза появляются полосы примесных состояний (рис. 9а-с). В ряду соединений $TiO_{2-y}B_y$, $TiO_{2-y}C_y$, $TiO_{2-y}N_y$ примесные полосы сдвигаются в низкоэнергетическую область ЗЗ. Различия между ЭС легированных составов заключаются в положении примесных полос в области ЗЗ. В случае $TiO_{2-y}C_y$ все полосы примесных 2p-состояний размещаются в области запрещенной щели анатаза. Для N- и B- легированных составов часть примесных полос перекрывается с ВЗ и ЗП. Электронная структура для $TiO_{2-y}C_y$ (рис. 9b) хорошо коррелирует с оптическими спектрам поглощения тонких пленок С-легированного TiO_2[127,128], в то время как полные плотности состояний для $TiO_{2-y}N_y$ (рис. 9с) хорошо согласуются с экспериментальными данными работ[67,129]. Из анализа полных и парциальных плотностей состояний для $TiO_{2-y}B_y$, $TiO_{2-y}C_y$, $TiO_{2-y}N_y$ (рисунков 9а-с) следует, что число возможных переходов электронов с участием примесных зон существенно больше для B- и С-легированных составов, чем для N-легированного анатаза. Выполненные в работах[94,95] расчеты МЧДФ для легированных составов подтверждают тенденцию

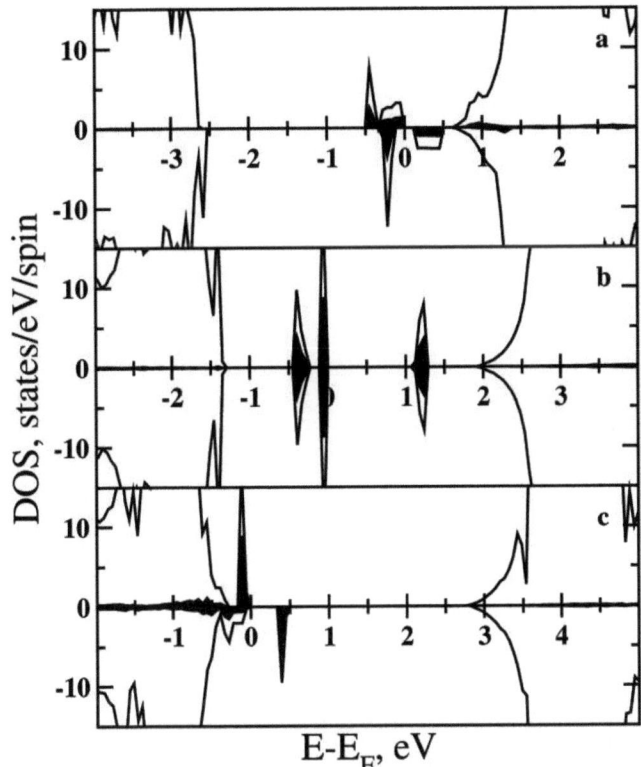

Рисунок 9. *Полные и парциальные X2p (X = B, C, N) (темные области) плотности состояний для ферромагнитного $TiO_{2-y}B_y$ (a), немагнитного $TiO_{2-y}C_y$ (b) и ферромагнитного $TiO_{2-y}N_y$ (c) составов. Положительные и отрицательные значения DOS отвечают электронам с противоположной проекцией спина[95].*

повышения фотокаталитической активности в ряду $TiO_{2-y}N_y$, $TiO_{2-y}C_y$, $TiO_{2-y}B_y$ (рис. 10). Поглощение для легированных составов выше поглощения для нелегированного TiO_2. Предсказанное поглощение в ИК-области с энергией вблизи 0.5 эВ для состава $TiO_{2-y}B_y$ авторы связывают с переходами электронов между примесными уровнями со спином вверх и со спином вниз. Заметное поглощение при энергии вблизи 2 эВ и максимум поглощения с энергией 3 эВ в $TiO_{2-y}B_y$ соответствуют переходам электронов из валентной зоны в примесные незанятые состояния и возбуждениям электронов с примесных зон в зону

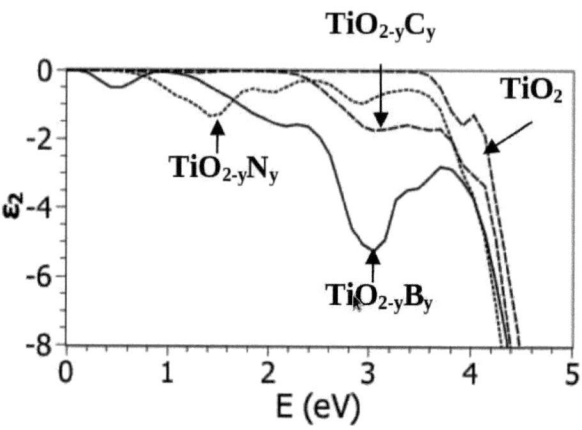

Рисунок 10. Зависимость мнимой части диэлектрической функции от энергии возбуждения для TiO_2, $TiO_{2-y}B_y$, $TiO_{2-y}C_y$ и $TiO_{2-y}N_y$ [95].

проводимости. В видимой области и в области ближнего УФ поглощение в В-легированном анатазе превышает поглощение в С- или N -легированных составах. В случае $TiO_{2-y}C_y$ существенное повышение МЧДФ при энергии примерно 2.4 эВ и максимум около энергии 3 эВ авторы[95] связывают с участием в переходах примесных зон. Результаты расчетов МЧДФ для $TiO_{2-y}C_y$ хорошо согласуются с двумя пиками поглощения с энергией 2.32 эВ и 2.82 эВ[127,128] в тонких пленках C-TiO₂. В случае $TiO_{2-y}N_y$ небольшое поглощение рассчитано для максимумов с энергиями вблизи 1.5 эВ и 3 эВ. Этим поглощениям соответствуют низкоэнергетические переходы из занятых сильно гибридизованных O2p-N2p состояний валентной зоны со спином вниз в незанятое состояние примеси со спином вниз и высокоэнергетическим возбуждениям из занятых примесных полос в полосу проводимости. Полученные расчетные данные подтверждают, что фотокаталитическая активность С легированного состава существенно выше фотокаталитической активности N легированного образца[127]. Повышению фотокаталитической активности этих соединений, установленному экспериментально[99,127,130], способствует увеличение количества возможных переходов с участием примесных зон.

Интересные результаты получены в работе[97]. Здесь впервые с использованием метода когерентного потенциала выполнены расчеты электронных спектров и магнитных свойств стехиометрического и нестехиометрического рутила, легированного углеродом или/и азотом (рис. 11, 12). В расчетах был использован метод 'ножничного оператора' для увеличения расчетного значения ЗЗ 2.28 эВ до ее экспериментального значения 3.06 эВ. Установлено, что форма, положение и число примесных полос в прифермиевской области ЭС соединений $TiO_{2-y-\delta}C_y$, $TiO_{2-y-\delta}N_y$, $y(\delta) = 0, 0.03, 0.06$ зависят от природы допанта и кислородной нестехиометрии. Результаты немагнитных CPA расчетов ЭС хорошо согласуются с экспериментальными данными[99,127]. Прогнозируемое повышение ФКА в ряду $TiO_2 \rightarrow TiO_{2-y-\delta}N_y \rightarrow TiO_{2-y-\delta}C_y$ и в направлении $TiO_{2-y}N(C)_y \rightarrow TiO_{2-y-\delta}N(C)_y$ подтверждается экспериментальной тенденцией изменения ФКА C-, N-легированного TiO_2[127] и хорошо согласуется с результатами предыдущих расчетов МЧДФ для C-, N-легированного анатаза[94,95]. Повышение ФКА стехиометрического и нестехиометрического рутила, легированного углеродом или азотом связано с уменьшением энергии электронных переходов при появлении полос примесных $2p$-состояний в области ЗЗ, и увеличении числа электронных возбуждений с участием s-состояний кислородных вакансий в присутствии кислородной нестехиометрии (рис. 11). Были выполнены также спин-поляризованные расчеты. Полные плотности состояний и значения магнитных моментов для ферромагнитных $TiO_{2-y-\delta}C_y$, $TiO_{2-y-\delta}N_y$, $0 \leq y \leq 0.06$ в CPA подходе приведены на рисунке 12. Спин-поляризованный расчет для нестехиометрического $TiO_{2-\delta}$ приводит к немагнитному решению, где электронные состояния со спином вверх совпадают с электронными состояниями со спином вниз, при этом пик вакансионных состояний полностью заполнен двумя электронами. Для $TiO_{2-\delta}$ магнитный момент (ММ) в расчете на формульную единицу (ф.е.) TiO_2 равен нулю. Для пяти легированных составов: $TiO_{1.97}C_{0.03}$, $TiO_{1.94}C_{0.06}$, $TiO_{1.91}C_{0.06}E_{0.03}$, $TiO_{1.97}N_{0.03}$, $TiO_{1.94}N_{0.06}$ с ферромагнитным упорядочением атомов C и N установлено магнитное решение. Составы $TiO_{1.97}C_{0.03}$, $TiO_{1.94}C_{0.06}$ и $TiO_{1.91}C_{0.06}E_{0.03}$ являются ферромагнитными полуметаллами с значением ММ равным 0.06, 0.12 и 0.06 μ_B на ф.е.. Значение магнитного момента в расчете на один атом углерода

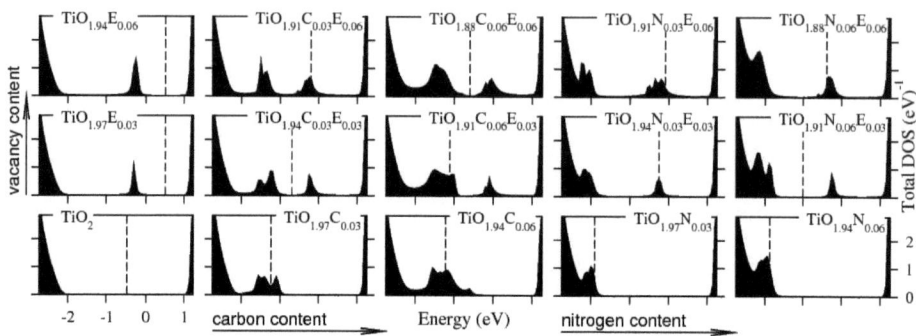

Рисунок 11. *Полные плотности состояний немагнитных* $TiO_{2-y-\delta}C_y$, $TiO_{2-y-\delta}N_y$, $(y(\delta) = 0, 0.03,$ *0.06) в окрестности запрещенной щели стехиометрического* TiO_2. *В химических формулах вакансия по кислородной подрешетке обозначена буквой E. Уровень Ферми показан вертикальными штриховыми линиями*[97].

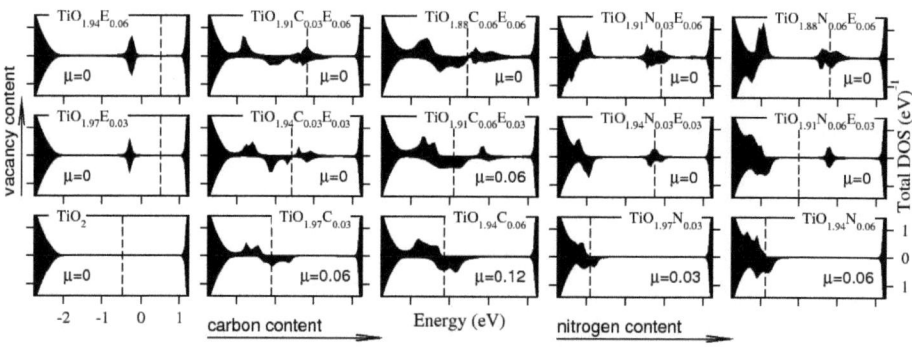

Рисунок 12. *Полные плотности состояний магнитных* $TiO_{2-y-\delta}C_y$, $TiO_{2-y-\delta}N_y$ $(y(\delta) = 0, 0.03, 0.06)$ *в окрестности запрещенной щели стехиометрического* TiO_2. *В химических формулах вакансия по кислородной подрешетке обозначена буквой E. Уровень Ферми показан вертикальными штриховыми линиями. Значения вычисленных спиновых магнитных моментов приведены в* $\mu_B/ф.е.$ [97].

для $TiO_{1.97}C_{0.03}$, $TiO_{1.94}C_{0.06}$ составляет 1.92 μ_B и практически совпадает с ММ, 2 μ_B иона C^{2-} $(2s^2p^{3\uparrow1\downarrow})$ в ионной модели и с вычисленным значением ММ, 2 μ_B[44]. При появлении кислородных вакансий в составе $TiO_{1.91}C_{0.06}E_{0.03}$ значение магнитного момента уменьшается вдвое. Для составов $TiO_{1.97}N_{0.03}$, $TiO_{1.94}N_{0.06}$ электронные спектры соответствуют спектрам полуметалла. Для этих составов магнитный момент равен 0.03 и 0.06 μ_B в расчете на ф.е. или соответствует 0.96 μ_B в расчете на один атом примеси. Расчетное значение ММ близко к значению ММ, 1 μ_B на ионе N^{2-} $(2s^2p^{3\uparrow2\downarrow})$ в ионной модели и практически совпадает с вычисленным ММ, 1 μ_B в работах[94,95].

Расчеты электронного спектра рутила, одновременно легированного атомами азота и углерода, проведены в работе[98] при использовании концепции CPA, учитывающего равновероятное распределение дефектов. Здесь изучено влияние со-легирования кислородной подрешетки атомами углерода и азота на ЭС и ММ рутила. Электронный спектр для рутила, одновременно легированного атомами углерода и азота, $TiO_{2-x-y}C_xN_y$ при x(y) = 0.03, 0.06, представленный на рисунке 13 (квадрат 2 × 2 в правом верхнем углу), является суперпозицией электронных спектров $TiO_{2-x}C_x$ и $TiO_{2-y}N_y$. Со-легированные составы имеют металлический характер ЭС. При повышении концентрации углерода и азота примесная полоса 2p-состояний углерода перекрывается с полосой 2p-состояний азота. Со-легирование рутила атомами C и N приводит к увеличению числа электронных переходов с участием 2p-состояний примесных атомов. Таким образом, возможная фотокаталитическая активность может повышаться в ряду TiO_2 → $TiO_{2-y}N_y$ → $TiO_{2-x}C_x$ → $TiO_{2-x-y}C_xN_y$, что подтверждается экспериментальными данными[127,131,132] и хорошо согласуется с результатами предыдущих расчетов[94,95]. Однокомпонентное C- либо N-легирование TiO_2 приводит к уменьшению энергии электронных переходов, а одновременное легирование рутила атомами C и N - к увеличению числа примесных полос, принимающих участие в электронных переходах, что способствует повышению фотокаталитической активности $TiO_{2-x-y}C_xN_y$ по сравнению с $TiO_{2-x}C_x$ и $TiO_{2-y}N_y$. Для ферромагнитных полуметаллов $TiO_{1.97}C_{0.03}$, $TiO_{1.94}C_{0.06}$ и $TiO_{1.97}N_{0.03}$, $TiO_{1.94}N_{0.06}$ вычисленные значения ММ совпадают с ионными значениями ММ примесей,

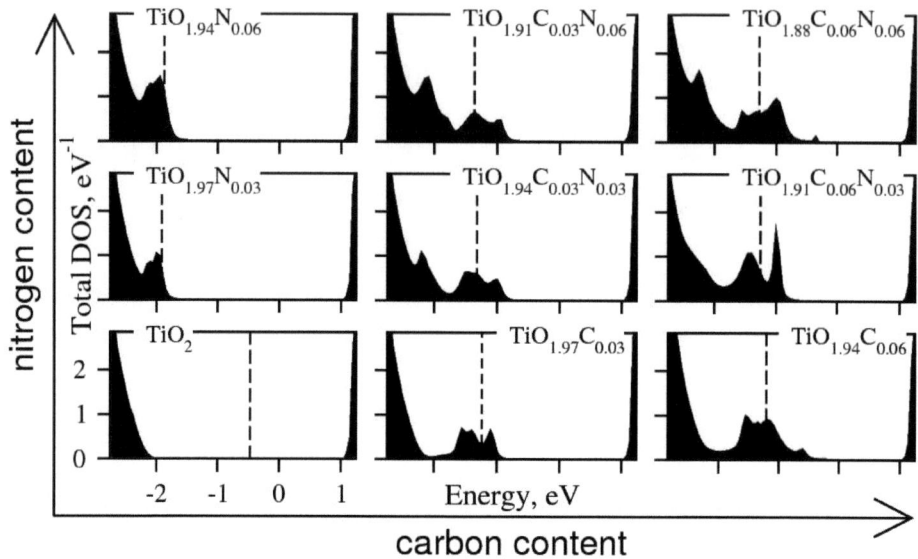

Рисунок 13. Полные плотности состояний немагнитных $TiO_{2-x-y}C_xN_y$, $x(y)$ = 0, 0.03, 0.06 в окрестности запрещенной щели стехиометрического рутила. Уровень Ферми показан вертикальными штриховыми линиями[98].

2 μ_B в расчете на один атом азота и 1 μ_B в расчете на один атом углерода. Для солегированных составов с металлической проводимостью вычисленные значения ММ оказались меньше суммы ионных значений ММ примесей.

Был выполнен ряд экспериментальных работ по допированию рутила алюминием, которые показали, что возможно замещение атомов титана на атомы алюминия и комбинация этого замещения с образованием кислородных вакансий, внедрение алюминия в междоузлия и комбинация этого внедрения с замещением, см. библиографию в работе[42]. Однако, в отличие от допирования 2p-элементами (B,C,N), допирование рутила алюминием или не приводит к повышению фотокаталитической активности, как при внедрении алюминия, или понижает ее, как при замещении с сопутствующим образованием кислородных вакансий[133]. Поскольку алюминий трехвалентен и имеет высокоэнергетические зоны почти свободных электронных состояний, которые мало гибридизуются с кислородными 2p-состояниями, то при замещении титана на алюминий следует ожидать появления внутри ЗЗ пустых состояний с малой дисперсией, чему может сопутствовать дестабилизация кристаллической решетки. Дестабилизация может быть скомпенсирована за счет образования кислородных вакансий в количестве 1 вакансия не 2 атома алюминия. Другим способом стабилизации может быть замещение кислорода на хлор, в количестве 1 атома хлора на 1 атом алюминия. Зонные расчеты показывают[42], что при таких замещениях примесные состояний внутри ЗЗ не образуются. При втором типе замещения расчеты указывают на небольшое увеличение ширины ЗЗ, что соответствует наблюдаемому в эксперименте понижению фотокаталитической активности. (Заметим, что расчеты привели к хорошему значению ширины ЗЗ, около 3.5 эВ.)

Расчеты зонной структуры ванадий-допированного анатаза были выполнены и в работах[108,110]. В работе[108] были проведены и расчеты зонной структуры Nb- и Ta-допированного анатаза. Расчеты зонной структуры рутила и анатаза, допированных ниобием и танталом были выполнены в работе[134]. Результаты данных работ весьма противоречивы. Согласно расчетам[108] в GGA-приближении, зонные состояния ниобия и тантала должны по энергии перекрываться с $3d$Ti-состояниями ЗП. Таким образом, допирование только ниобием или танталом будет вносить в ЗП дополнительные электроны. Зонная структура Nb- и Ta-допированного анатаза должна оставаться подобной зонной структуре чистого анатаза, но с положением энергии Ферми внутри ЗП. Поэтому при допировании ниобием и танталом энергии разрешенных переходов из ВЗ в ЗП анатаза будут повышаться, и поэтому повышение фотокаталитической активности за счет поглощения света в видимой области здесь маловероятно. Однако, учет поправок к кулоновской корреляции по методу GGA+U приводит к тому, что зона d-состояний Nb и Ta как в рутиле, так и в анатазе опускается на ~1.5 эВ ниже дна ЗП. Это сооответствует экспериментально наблюдаемой полупроводниковой проводимости в Nb-, Ta-допированном рутиле, но противоречит металлической проводимости Nb-, Ta-допированного анатаза. В обеих случаях согласно данным расчетам можно ожидать поглощения света в видимой области, т.е. увеличения фотокаталитической активности. Заметим, что качество расчетов[134] недостаточно высоко: ширина ЗЗ только 2 эВ, а расчетная энергия вакансионных состояний ниже экспериментальной на 0.8 эВ. Поэтому вопрос о том, правы ли авторы работы[108] или работы[134], остается открытым.

Оптические свойства диоксида титана, легированного np- металлами, n = 4 - 6, такими как Bi, Pb, Sn, Sb, мало изучены экспериментально. Недавно, в образцах диоксида титана, легированных висмутом (от 0.1 до 6at.%) было обнаружено поглощение в видимой части солнечного спектра и повышение ФКА в УФ части спектра[135-137]. Расчеты электронной структуры TiO_2, легированного одновременно висмутом и серой[115] и висмутом и углеродом[116] или только висмутом[117] немногочисленны.

Корректные расчеты электронной структуры Bi-, S- легированного анатаза и анатаза, одновременно легированного Bi и S были проведены в работе[115] псевдопотенциальным методом плоских волн в GGA+U-приближении. Установлено, что легирование анатаза только висмутом или серой, или со-легирование серой и висмутом приводит к появлению дополнительных примесных пиков в области 33, что способствует понижению энергии возможных электронных переходов с их участием. Результаты данных расчетов объясняют экспериментально наблюдаемую в работе[138] активность Bi-S со-легированного TiO_2 в видимой части солнечного спектра 500-800 нм с максимумом поглощения вблизи энергии 2 эВ.

Первопринципным методом линеаризованных маффин-тин орбиталей в приближении сильной связи (TB-LMTO) с учётом одноузельных кулоновских корреляций в рамках LSDA+U-модели выполнены расчёты электронной структуры стехиометрического и легированного углеродом и/или висмутом TiO_2 (анатаза)[116]. На основе приближения случайных фаз с использованием зонных состояний, рассчитанных с помощью ЛМТО-СС метода в LSDA+U модели, вычислены диэлектрическая функция, показатели поглощения и преломления. Установлено, что при легировании в запрещенной щели стехиометрического анатаза возникают узкие зоны примесных состояний углерода и висмута (рис. 14), присутствие которых понижает энергию возможных электронных переходов под действием фотонов света. Расчёты оптического поглощения показали (рис. 15), что при Bi- или С-легировании следует ожидать поглощения в

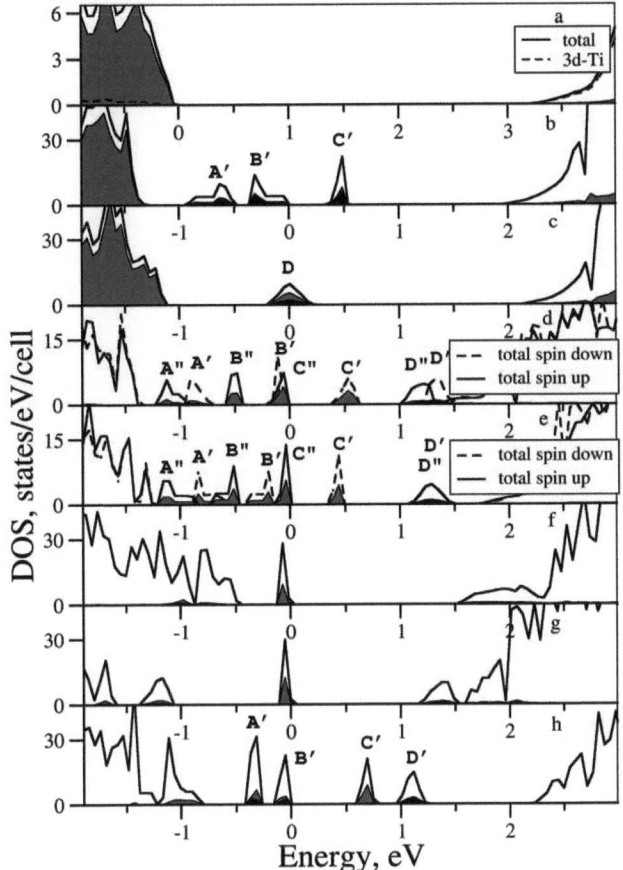

Рисунок 14. Полные и парциальные плотности состояний TiO₂ (а), TiO₂₋ᵧCᵧ(b), Ti₁₋ₓBiₓO₂(c), Ti₁₋ₓBiₓO₂₋ᵧCᵧ для конфигурации 1 (d) и конфигурации 2 (e), Ti₁₋₂ₓBi₂ₓO₂₋ᵧCᵧ для конфигурации I (f), конфигурации II (g) и конфигурации III (h). Серым цветом показаны парциальные плотности 2p-O (a-c) и 2p-C (d-h) состояний, черным цветом - парциальные плотности 2p-C (b) и 6s-Bi (c-h) состояний. Нуль на шкале энергии соответствует уровню Ферми. Дефекты замещения, Cₒ и Biₜᵢ, помещались в позиции атомов кислорода и титана на минимальном (конфигурация 1 и конфигурация I) и максимальном (конфигурации 2 и III) расстоянии друг от друга[116].

видимой области и усиления поглощения в области ближнего ультрафиолета (УФ), в сравнении со стехиометрическим диоксидом титана. Результаты данных расчетов подтверждаются экспериментом[127,136,137]. При совместном

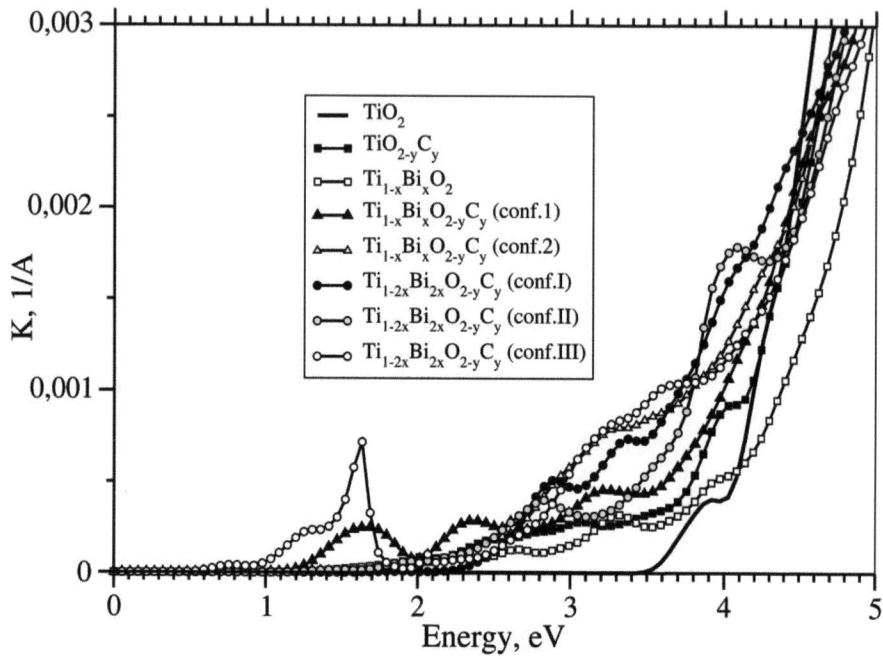

Рисунок 15. Зависимость оптического поглощения от энергии падающего фотона для TiO_2, $TiO_{2-y}C_y$, $Ti_{1-x}Bi_xO_2$, $Ti_{1-x}Bi_xO_{2-y}C_y$ (конфигурации 1, 2), $Ti_{1-2x}Bi_{2x}O_{2-y}C_y$ (конфигурации I-III)[116].

присутствии двух типов дефектов, атома углерода в кислородной подрешетке и атома висмута в титановой подрешетке, увеличивается число примесных полос в прифермиевской области, в сравнении с Bi- или C- легированным анатазом, понижается энергия возможных электронных переходов и, как следствие, повышается поглощение в видимой области и в области ближнего УФ. Так, в диапазоне энергий возбуждения электронов от 2 до 4 эВ поглощение повышается в ряду TiO_2 → $Ti_{1-x}Bi_xO_2$ → $TiO_{2-y}C_y$ → $Ti_{1-x}Bi_xO_{2-y}C_y$, $Ti_{1-2x}Bi_{2x}O_{2-y}C_y$, где $x(y) = 0.0625$ (рис. 15). В этом же направлении следует ожидать повышения фотокаталитической активности, легированного анатаза.

Расчеты электронной структуры рутила, легированного Sn, Sb, Pb и Bi в работе[117] были выполнены полно-потенциальным методом линеаризованных присоединенных плоских волн с использованием модифицированного обменно-корреляционного потенциала Беке-Джонса. На основе результатов ab initio расчетов авторы[117] предлагают наиболее эффективные составы для фотокаталитического расщепления воды.

В основном проблемам магнетизма в диоксидах титана, допированных $3d$-атомами, были посвящены теоретические работы[58,59,86,107]. В работе[107] изучался анатаз с примесями кобальта. По результатам авторов, при Со-допировании в ЗЗ появляются примесные состояния, благодаря которым начало оптического поглощения, согласно их расчетам диэлектрической функции, смещается в видимую область. Однако, в последующей экспериментальной работе[80] при измерении оптической проводимости было показано, что примесных состяний внутри ЗЗ в Со-допированном анатазе нет. Причины рассогласования эксперимента и теории неясна. Вероятно, одной из них может быть неучет в расчетах[107] поправок на обмен и корреляцию, из-за чего ЗЗ была на 30% меньше экспериментальной. Аналогичные расчеты для рутила, допированного Fe, Ni, Mn, Co и Cu были выполнены позднее в работе[86]. Расчеты также предсказывают наличие примесных состояний внутри ЗЗ, но также при слишком малом значении ширины ЗЗ. Таким образом, в целом ситуация с примесями $3d$-элементов в диоксидах титана остается неясной и требует дальнейшей проработки.

Глава 2.

Электронное строение, оптические свойства и фотокаталитическая активность наноструктур на основе оксидных полупроводников.

2.1. Размер наночастиц и фотокаталитическая активность наноструктурных форм катализаторов.

Фотокатализаторы на основе ОП часто бывают построены из нанообъектов, размер которых составляет примерно 0.1 – 100 нм[139]. Наноструктурные объекты в соответствии с их размерностью делят на четыре категории[140]: нульмерные - нанокластеры, квантовые точки; одномерные - нанотрубки, нанопроволоки, волокна; двумерные - тонкие пленки, наномногослойники; трехмерные - нанополикристаллы. К наноструктурным материалам относятся материалы, структурные элементы которых (кристаллиты, волокна, слои и т.п.) не превышают 100 нм, по крайней мере в одном направлении[141].

В последние годы проводятся активные исследования фотокаталитических свойств нанокристаллитов (НК)[142-149], наностержней (НС)[144,147-149,150-155], нанопроволок (НП)[144,147-149,155-160], нанолент (НЛ)[144,153,161-164], наноколец[144,157], нанопружин[144,157], нанотрубок (НТ)[147-149,165-167] и других форм[147-149,168,169] диоксида титана и оксида цинка. Форма и размер оксидных наноструктур зависят от метода синтеза и определяют их оптические, фотокаталитические, электрические, механические и др. свойства. Методы синтеза наноматериалов подробно описаны в статьях, обзорах и монографиях[3,139,140, 170-174].

Важнейшим фактором, влияющим на ФКА, является размер наночастиц (НЧ) фотокатализатора. Экспериментально установлено, что фотокаталитическая активность фотокатализатора, о которой можно судить по скорости окисления органических соединений, значительно повышается при использовании нанокатализаторов с размером частиц от 8 до 30 нм[3,104,139,175-179]. Так, фотохимическая активность частиц диоксида титана, нанесенных на Al_2O_3, в реакциях фотогидрогенезации пропилена увеличивается на порядок при уменьшении размера частиц от 16 нм до 8 нм[175,176]. В некоторых работах предлагается оптимальный размер НЧ анатаза TiO_2[180,181], 5-6 нм (удельная поверхность 100-160 м²г⁻¹).

В принципе, механизм фотокаталитических реакций с участием наночастиц подобен тому же для объемных кристаллов. Малый размер частиц катализатора может повышать или понижать фотокаталитическую активность по нескольким причинам. Первая заключается в увеличении суммарной поверхности набора наночастиц по сравнению с поверхностью объемного фотокатализатора, вторая причина - в уменьшении вероятности рекомбинации электронов и дырок, диффундирующих к поверхности катализатора. Третья причина состоит в квантово-размерных эффектах в наночастицах полупроводника, приводящих к сдвигу края полосы фундаментального поглощения ОП в голубую область спектра [176].

Известно[139], что квантово-размерные эффекты, т.е. изменения электронных, оптических, магнитных и др. свойств частиц в зависимости от их размера, могут наблюдаться для частиц с размерами, близкими к радиусам квазичастиц (электронов, экситонов, магнонов, поляронов и др.). Критерием возможности появления квантово-размерных эффектов является соразмерность наночастицы с длиной волны де Бройля электрона (или дырки), [139] L:

$$L = \frac{h}{(2m^*E)^{1/2}} \qquad (12)$$

где, m^*- эффективная масса электронов, E- энергия носителя заряда, h - постоянная Планка. Для ZnO $m^* = 0.3\, m_0$[182,183], $E = 3.36$ эВ, тогда $L = 1.2$ нм. Подобные расчеты для диоксида титана, где $m^* = m_0$[184] для анатаза и $m^* = 8$- $20\, m_0$[185,186] для рутила соответствуют значениям $L = 0.7$ нм и $L = 0.2$ нм.

Кроме того, в частице ОП при уменьшении ее размера повышается энергия экситонных уровней. Поэтому наличия квантово-размерных эффектов в частице ОП можно ожидать, когда радиус Бора первого экситона в ОП становится сравнимым или больше, чем радиус частицы полупроводника [172,176], r_{B}:

$$r_{\text{B}} = \frac{h^2\, \varepsilon\, \varepsilon_0}{e^2\, \pi\, m^*} \qquad (13)$$

где, m^* – эффективная масса носителя заряда, ε - диэлектрическая проницаемость. Для ZnO $m = 0.3\, m_0$[182,183], $\varepsilon\parallel$ с = 9.16, $\varepsilon\perp$ с = 12.64[187] тогда $r_\text{в} = 1.6\text{-}2.2$ нм. Подобные расчеты для диоксида титана, где $m = m_0$ 146, $\varepsilon\parallel$ с = 22.7, $\varepsilon\perp$ с = 45.1[188] для анатаза и $m = 8\text{ - }20\, m_0$[185,186] $\varepsilon\parallel$ с = 173, $\varepsilon\perp$ с = 89[189] для рутила соответствуют значениям $r_\text{в} = 1.2\text{ - }2.3$ нм и $r_\text{в} = 0.2\text{ - }1.1$ нм. Т.е. квантово-размерные эффекты для рассматриваемых оксидов можно наблюдать на наночастицах с размерами, сопоставимыми с размерами элементарных ячеек ОП. Следует учитывать тот факт, что модель эффективной массы носителя заряда, используемая в расчетах длины волны де Бройля электрона и радиуса Бора первого экситона в ОП, имеет ряд приближений в частности, энергетические поверхности для электрона и дырки предполагаются сферически симметричными и не вырожденными. Кроме того, в эксперименте частицы ОП с минимальными размерами не всегда являются наиболее активными в качестве фотокатализатора. Причин может быть несколько. Не все носители заряда достигшие поверхности фотокатализатора участвуют непосредственно в химических реакциях с органическими молекулами или молекулами воды. Часть из них рекомбинирует на поверхности ОП, часть образует связанные центры (экситоны, поляроны и разные точечные дефекты).

2.2. Структурные модели в квантово-химических подходах к изучению свойств нанофотокатализаторов.

Корректный расчет электронной структуры и оптических спектров поглощения оксидов титана и цинка может служить основой для правильной оценки их фотокаталитических свойств. Анализ публикаций, посвященных расчетам объемных свойств оксидов титана и цинка вычислительными методами физики твердого тела[28-45,53,55,56,58-60,62,86-117,123,134,190], описанный в предыдущей главе, показывает, что при расчете электронного спектра рассматриваемых оксидов необходимо корректно учитывать кулоновские и обменные взаимодействия для атомов Ti и Zn. Для объемных ОП подобные расчеты были выполнены в ряде работ на базе методов теории ФЭП в LDA(LSDA)+U- и GGA+Uприближениях[40,45,58-60,89,94,95,108-111,115,116,123,134], с использованием гибридного метода Хартри-Фока[42,56,62,114], метода когерентного потенциала[88,97,98] однако, теоретические исследования НЧ этих оксидов с учетом кулоновских U-, J-поправок или с применением других способов правильного учета эффектов обмена и корреляции нами не обнаружены. Исключением являются работы[191-194], в которых авторы использовали гибридный метод Хартри-Фока, метод ТФЭП с гибридным функционалом или метод GW для расчетов структурных и электронно-энергетических свойств НЧ.

При переходе от моделирования электронного строения объемных катализаторов к расчетам для нанообъектов возникает и проблема правильного выбора структурных моделей. В расчетах для объемных фотокатализаторов структурные модели определены вполне однозначно. Ими являются элементарные ячейки или, для расчетов примесных состояний, расширенные ячейки. В случае нанообъектов ситуация не так проста. В расчетах кристаллов и их поверхностей могут использоваться зонные и кластерные подходы[195]. В зонных расчетах электронного спектра поверхности обычно используется три модели: модель полубесконечного кристалла, модель двух полубесконечных кристаллов и модель периодически повторяющейся пластины[195].

При моделировании в зонных подходах одномерных нанообъектов типа нанолент, нанопроволок, используется модель, аналогичная модели повторяющейся пластины, однако, в двух направлениях, перпендикулярных направлению самой пластины, пластина имеет конечные размеры и повторяется. Соответственно, нульмерным объектам, например, нанопорошкам, соответствует модель в которой для выполнения зонных расчетов эти нульмерные объекты транслируются в трех направлениях, так что каждый из них располагается на достаточном расстоянии от других НЧ. С помощью данных моделей проведены расчеты электронной структуры нанокристаллитов[196], нанопроволок[197] и нанотрубок[191,192] оксида титана и нанолистов и нанопроволок оксида цинка[198].

В литературе имеются и работы[193,194,199,200,201], посвященные изучению электронной структуры и электронно-энергетических характеристик небольших кластеров $(TiO_2)_n$ до 13 формульных единиц, наностержней (n,n) и нанотрубок (n,n) диоксида титана со структурой анатаза и рутила с малыми хиральными индексами, n < 5. Так, в работе[201] псевдопотенциальным методом плоских волн в приближении GGA выполнены расчеты энергии диссоциации молекулы воды, E_{dis}, на малых НЧ $(TiO_2)_n$ при n = 3, 4, 6, 8, 10. Минимальное значение E_{dis}, 0.13 эВ, вычисленное для НЧ состава $(TiO_2)_{10}$ хорошо коррелирует с экспериментальным значением E_{dis}, 0.1 эВ, на поверхности рутила (110). Тенденцию понижения энергии диссоциации воды с ростом диаметра НЧ TiO_2 авторы[201] объясняют влиянием стерического фактора для малых НЧ. Более точные расчеты электронной структуры и оптических спектров малых кластеров $(TiO_2)_n$, 1 < n < 10; наностержней и одностенных нанотрубок (n,n) TiO_2, n < 5 были выполнены в работе[193] неэмпирическим GW методом и псевдопотенциальным методом с гибридным функционалом типа BLYP. Значения запрещенной щели, вычисленные GW методом и методом гибридного функционала для НЧ с диаметром менее 1 нм, близки к экспериментальным данным, хотя завышены примерно на 0.2 - 0.9 эВ. Расчеты, выполненные методом ТФЭП с обычным RPBE функционалом, приводят к значениям запрещенной зоны, значительно меньшим, чем в эксперименте, но воспроизводят тенденцию почти монотонного увеличения значения ЗЗ при уменьшении размерности частиц в ряду объем-поверхность-нанотрубка и немонотонного изменения ЗЗ с уменьшением размера малых кластеров диоксида титана. GW-расчеты ЗЗ были проведены также для наностержней чистого диоксида титана и наностержней TiO_2, легированных бором и азотом. Значения ЗЗ для НС TiO_2, легированных бором и азотом, составили 3.1 и 5.1 эВ, соответственно. Поскольку значения запрещенной зоны в GW-расчетах обычно немного завышены, то для бор-легированных НС диоксида титана следует ожидать поглощение в видимой области солнечного спектра. Современным методом гибридного PBE0 функционала в работе[194] выполнены расчеты структурных и оптических свойств малых и средних НЧ $(TiO_2)_n$ (1 < n < 14). Моделирование кластеров $(TiO_2)_n$ проводилось путем оптимизации кристаллографических координат в модели химической связи с учетом кулоновской энергии и энергии кристаллической решетки для набора конфигураций НЧ с соблюдением стехиометрии. Отметим, что данная работа одна из немногих работ, где выполнены расчеты оптических спектров чистых и углерод-, азот-, сера- легированных НЧ в рамках гибридного функционала.

Для более корректного расчета физико-химических свойств наночастиц необходимо учитывать их размер, форму и морфологию поверхности, которые не всегда можно моделировать малыми кластерами. Более полная информация об электронной структуре и физико-химических свойствах наноструктурных оксидов, хорошо согласующаяся с имеющимися экспериментальными данными, получается при использовании больших кластеров или в зонных подходах. Модель повторяющегося большого кластера была использована в расчетах электронной структуры, структурных и механических свойств наночастиц диоксида титана с помощью метода Хартри-Фока[202], полуэмпирических методов молекулярных орбиталей в приближении полного[203] или частичного пренебрежения дифференциальным перекрыванием[204,205] и методов, основанных на теории функционала электронной плотности (ФЭП)[196,197,206-209]. Для наночастиц диоксида цинка со структурой вюрцита были выполнены расчеты с использованием метода теории ФЭП в псевдопотенциальном приближении и полуэмпирического метода молекулярной динамики[198,210,211]. Основные требования при выборе большого кластера, которыми руководствовались авторы выпеуказанных работ были следующими: размер кластера ограничивался компьютерными мощностями; выполнялось условие сохранения электронейтральности и стехиометричности кластера; использовалось максимально большое координационное число атомов металла и неметалла на поверхности кластера; учитывалась морфология поверхности нанообъекта. В работах[196,204-208] для изучения наночастиц анатаза почти сферической формы были выбраны большие кластеры, содержащие от 16 до 68 единиц TiO_2, с (101) и (011) боковыми поверхностями, термодинамически устойчивыми для таких наночастиц[212-214]. Авторами анализировались наночастицы с чистой поверхностью и с поверхностями, на которых адсорбировались молекулы H_2O и H_2. Выбранные таким образом кластеры являлись стехиометрическими и электронейтральными и имели диаметр 1 нм и выше. В следующей своей работе[197] авторы рассчитали структурные свойства, электронную структуру и стабильность нанопроволок с чистой поверхностью и с поверхностью, на которой адсорбировались молекулы H_2O и H_2. При моделировании нанопроволоки использовались НЧ анатаза, содержащие от 9 до 81 ф.е. TiO_2

раннее оптимизированные в работе[196]. Данные наночастицы транслировались в направлении роста НП [001][215] и вдоль оси *y* [010]. Таким образом сконструированные нанопроволоки имели диаметр от 0.38 нм до 1.52 нм и размещались на существенном (более 1 нм) расстоянии друг от друга.

Моделированию одностенных и двустенных нанотрубок диоксида титана с трехслойной флюоритоподобной структурой неэмпирическим гибридным методом Хартри- Фока посвящены работы авторов[191,192]. В расчетах электронно-энергетических свойств НТ использовались трехслойные (111) листы TiO_2 со структурой типа флюорита, полученные после структурной оптимизации трехслойных (101) листов диоксида титана со структурой анатаза. Затем путем свертывания таких листов разными способами были получены одностенные НТ типа кресла (n,n) и типа зигзаг (n,0) с индексами хиральности n = 4, 6, 12, 18, 24, 36[191]. Вложением одной нанотрубки в другую моделировались двустенные нанотрубки типа кресла $(n,n)@(m,m)TiO_2$ и типа зигзаг $(n,0)@(m,0)TiO_2$ при n = 4, 6, 7, 8-10, 12 и m = 12, 14, 16, 18, 20, 24, 28, 36[192]. Диаметр построенных таким образом НТ варьировался в диапазоне значений от 0.5 до 4.0 нм с числом атомов от 30 до 288.

При изучении нанолент (ремней) оксида цинка размером 0.95 - 2.67 нм и с отношением ширины к толщине от 1 до 2.7 с помощью метода теории ФЭП в приближении проекционных плоских волн[198] использовалась модель одномерной периодичности. В данной модели наноленты вырезались из структуры вюрцита с поверхностями $(2\bar{1}\bar{1}0)$ и $(0\bar{1}10)$ и направлением периодичности [0001], соответствующим экспериментальным данным[163,164]. Расчеты выполнялись для тетрагональной ячейки с пустыми сферами, моделирующими вакуум между нанолентами, и с расстоянями между поверхностями нанолент более 1 нм, что соответствовало одномерной системе. В работе[210] с использованием классического метода молекулярной динамики с потенциалом Букингема моделировались нанопроволоки оксида цинка с поперечным сечением, перпендикулярным направлению [0001]. Данная модель соответствует экспериментам, в которых рост НП наблюдается преимущественно в направлении [0001] и боковым поверхностям $(10\bar{1}0)$[216,217]. Рассматривались НП с внешним диаметром от 0.87 нм до 4.79 нм.

2.3. Электронная структура, оптические и фотокаталитические свойства наноразмерных оксидов титана и цинка.

Квантово-размерные эффекты в спектре электронных состояний наночастиц проявляются в изменении вида спектра, от непрерывной плотности состояний, характерной для макроскопических трехмерных объектов, до набора дискретных уровней для нульмерных структур (квантовых точек), включая промежуточные случаи двух- и одно-мерных структур (квантовых ям и проволок). С понижением размерности для нанокристаллических объектов можно ожидать увеличения значения ЗЗ, т.е. смещения края поглощения в голубую область спектра. Однако, в конкретных условиях экспериментов данный эффект наблюдается не всегда. Так в работах[218-220] запрещенная щель, 3.2 эВ, практически не изменялась для образцов с диаметром частиц убывающим до 1.5 - 2.1 нм. В других экспериментах смещение края полосы поглощения, достигающее 0.2 эВ, фиксировалось уже для частиц с размером 5 - 12 нм[3,175,221-223]. Существенный сдвиг края полосы поглощения, от 0.15 до 0.60 эВ, был отмечен в работах[176,224-226] для частиц TiO_2 диаметром от 1 до 4 нм. Для рутила и анатаза аналогичный эффект обнаружен также авторами работ[227,228]. В нескольких экспериментальных работах[23,229] наблюдалось смещение энергии ЗЗ в красную область спектра, т.е. уменьшение значения ЗЗ. Этот эффект авторы объясняли присутствием на поверхности диоксида титана кислородных вакансий и адсорбатов. Многочисленные экспериментальные данные относительно изменения значения ЗЗ оксидных наночастиц продолжают обсуждатся. В частности, из ИК спектроскопических исследований[230-233] известно, что поверхность диоксида титана имеет большую гидратную оболочку, при этом молекулы воды могут по-разному формировать гидратный слой и образовывать между собой водородные связи. В работе[234] методом резонанса на ядрах водорода ПМР была уточнена химическая природа гидратированного диоксида титана. В данной работе показано наличие трех типов частиц: OH^-, H_2O, H_3O^+ в гидратной оболочке гидроксида титана. Гидратная оболочка может оказывать существенное

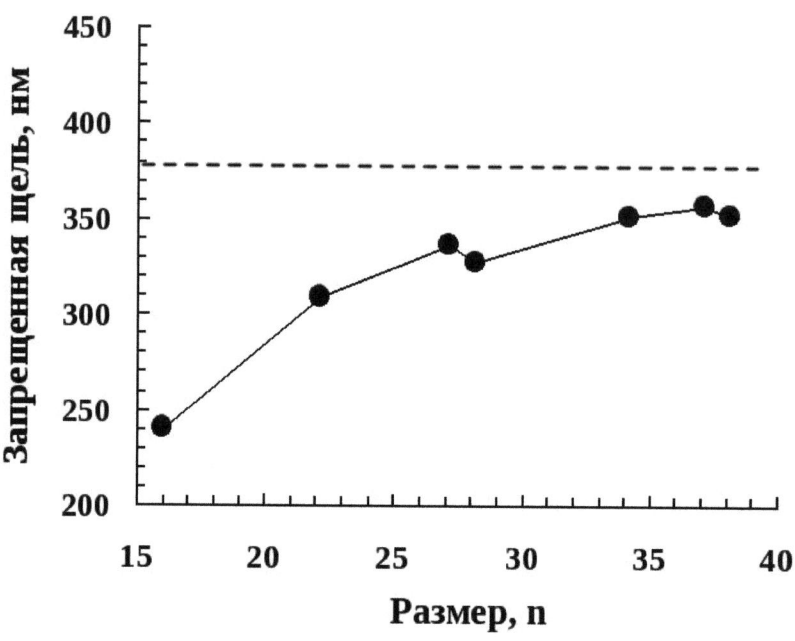

Рисунок 16. Зависимость расчетного значения запрещенной щели наночастиц $(TiO_2)_n$ от числа формульных единиц n [204].

влияние на электронный спектр и фотокаталитические свойства наночастиц диоксида. Попытки объяснить эти свойства встречаются в ряде теоретических работ[196,197,204,206], использующих модель большого кластера. Так, увеличение ЗЗ электронного спектра наночастиц анатаза (с диаметром примерно 1 нм, практически сферической формы) следует из расчетов по методу плоских волн[196] как для частиц с чистой поверхностью состава $(TiO_2)_{29}$, так и для частиц $(TiO_2)_{29}(H_2O)_{24}$ с адсорбированными на поверхности молекулами воды. Поскольку используемый авторами метод[196] относится к семейству методов теории ФЭП, для которых характерно занижение значения запрещенной щели, то вычисленное значение ЗЗ для кристаллического анатаза, 2.13 эВ, существенно меньше его экспериментального значения 3.2 эВ. Значения ЗЗ для наночастиц $(TiO_2)_{29}$ и $(TiO_2)_{29}(H_2O)_{24}$ с геометрией, оптимизированной по минимуму полной энергии, составили 2.46 эВ и 2.83 эВ, соответственно. Т.е. теоретически рассчитанное увеличение ЗЗ, по сравнению с ее объемным значением, составляет

0.33 эВ для (TiO2)$_{29}$ и 0.7 эВ для (TiO$_2$)$_{29}$(H$_2$O)$_{24}$ и близко к экспериментально наблюдаемым величинам (0.20 - 0.69 эВ) для наночастиц анатаза с диаметром от 1.02 нм до 2.40 нм[227,235]. Расчеты энергии образования наночастиц показали, что гидратация поверхности наночастиц анатаза приводит к их стабилизации, в сравнении со стехиометрическими наночастицами (TiO$_2$)$_{29}$. Из результатов расчетов[196] следует также, что структура поверхности наночастиц анатаза влияет на распределение плотности состояний вблизи запрещенной щели. В работе[196] (смотри рисунок 4) приводятся полные и парциальные плотности состояний для трех типов наночастиц: наночастиц стехиометрического анатаза (TiO$_2$)$_{29}$ и наночастиц анатаза, на поверхности которого сорбированы частицы воды (TiO$_2$)$_{29}$(H$_2$O)$_{24}$ и водорода (TiO$_2$)$_{29}$H$_{48}$. Видно, что сорбция H$_2$ на поверхности TiO$_2$, нестехиометрия по кислороду или десорбция кислорода с поверхности наночастиц анатаза приводят к появлению пиков состояний в области запрещенной щели и соответственно к уменьшению ЗЗ.

Тенденция к увеличению значения ЗЗ до 3.3 - 3.7 эВ и выше при уменьшении размера наночастиц анатаза была отмечена и в других кластерных и зонных расчетах с использованием полуэмпирических и неэмпирических методов расчета[204,206]. На рис. 16 приводится зависимость значения ЗЗ наночастиц (TiO$_2$)$_n$ от числа формульных единиц n при $16 < n < 32$, работа[204] (пунктирной линией показано значение ЗЗ, соответствующее кристаллу анатаза).

Противоположная тенденция изменения ЗЗ при уменьшении размера НЧ установлена для НЧ (TiO$_2$)$_n$, $1 < n < 14$, малых и средних размеров[194,236]. Результаты первопринципных расчетов таких наночастиц в модели гибридного PBE0 функционала представлены на рисунке 17[194]. Значения ЗЗ наночастиц несколько выше экспериментальных значений, но показывают очень похожую тенденцию повышения ЗЗ при увеличении размера наночастиц (TiO$_2$)$_n$ (n - числа ф.е.). Для кластеров средних размеров (n > 7) значение ЗЗ приближается к значению ЗЗ для объемного рутила, 3.1 эВ (рис. 17). Необычное изменение ЗЗ авторы[194] объясняют низким координационным окружением атомов кислорода в НЧ. В частности, частицы (TiO$_2$)$_n$ при n < 4 содержат атомы кислорода с координационным числом равным единице. Расчетные данные (рис. 17), полученные на основе гибридного функционала[194], весьма близки к

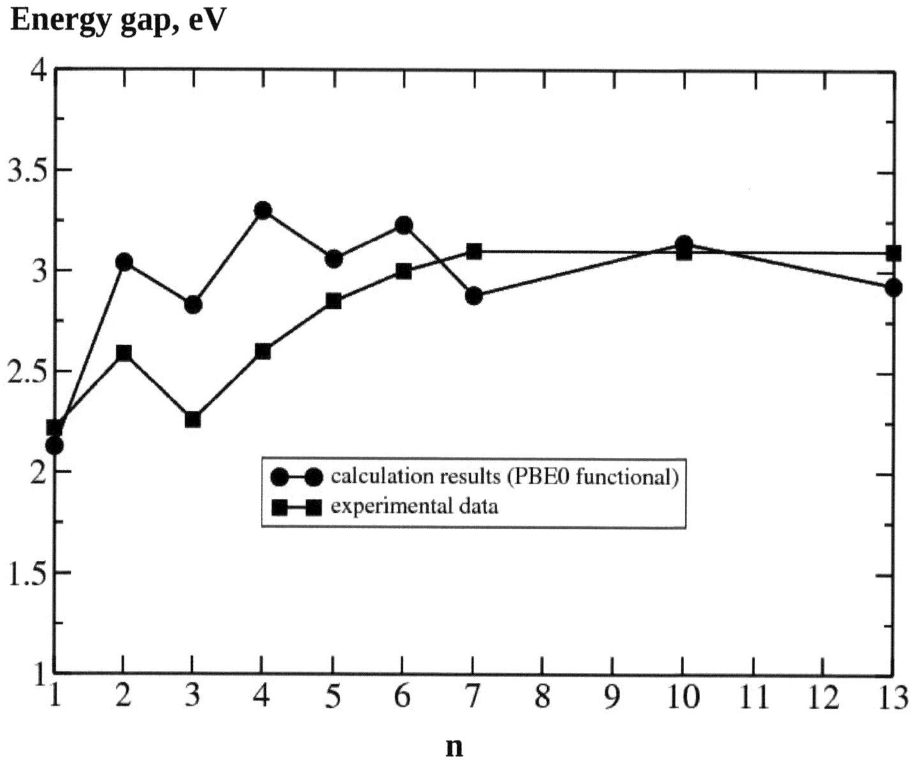

Energy gap, eV

Рисунок 17. Зависимость расчетного значения запрещенной зоны наночастиц $(TiO_2)_n$ от n, где n – число формульных единиц диоксида титана [194]. Для сравнения приводятся экспериментальные данные из работы[236].

экспериментальным данным по фотоэлектронной спектроскопии для НЧ $(TiO_2)_n$, n = 1 - 10[236]. Результаты расчетов электронно-энергетических и оптических спектров для НЧ рутила, легированных углеродом, азотом и серой[194] показывают уменьшение значения 33 для всех легированных составов в сравнении с нелегированными составами. Максимальное поглощение вблизи энергии 2.5 и 2.75 эВ рассчитано для наночастиц, легированных углеродом и серой. Максимальная фотокаталитическая активность предсказана для углерод-легированных наночастиц. Минимальная энергия образования рассчитана для углерод-легированной наночастицы состава $(TiO_2)_6$. Установлено, что легирование наночастиц энергетически предпочтительнее легирования объемного рутила.

Монотонная тенденция роста значения 33 от 4.66 до 4.82 эВ для одностенных трехслойных НТ диоксида титана с флюоритоподобной структурой при увеличении диаметра нанотрубки установлена в работе[191]. Для сравнения авторы приводят расчетные значения 33 для трехслойного флюоритоподобного листа, 4.89 эВ и объемного анатаза, 4.09 эВ. Их значения близки к экспериментальным значениям, 3.9 эВ для трехслойного листа, и 3.2 - 3.6 эВ для объемного анатаза, хотя несколько завышены. Значения 33 свыше 4.5 эВ могут быть получены при экстраполяции зависимости значения 33 на ось ординат для нанотрубок с минимально возможными диаметрами. Таким образом, значению 33 нанотрубок, в пределах погрешности расчетов, соответствует поглощение в области ультрафиолета. В своей следующей теоретической работе[192] авторы рассчитали недавно синтезированные двустенные нанотрубоки диоксида титана и установили зависимости 33 от типа и морфологии НТ. В частности, было показано, что взаимодействие между стенками сдвоенных трехслойных НТ со структурой типа флюорита приводит к существенному понижению значения 33 до 2.94 эВ. Тенденция понижения значения 33 при уменьшении размера НТ, установленная для одностенных нанотрубок[191], сохраняется для двустенных нанотрубок, при этом для НТ типа зигзаг наблюдается смена типа перехода (прямой-непрямой). Установлено, также, что энергетически более выгодно образование двустенных (6,6)@(12,12) нанотрубок типа кресло и (10,0)@(20,0) нанотрубок типа зигзаг. Трубки меньшего диаметра нестабильны. Трубки большего диаметра имеют энергию, близкую к энергии соответствующих однослойных нанотрубок. Стабильность двустенных НТ определяется, главным образом, расстоянием между стенками внутренней и внешней НТ и диаметром внутренней НТ. Результаты корректных неэмпирических расчетов позволяю авторам[192] полагать, что рассчитанные в работе НТ могут быть использованы в качестве фотокатализаторов, эффективных в видимой области солнечного спектра.

В экспериментах[164] для нанолент оксида цинка было отмечено смещение полосы люминесценции в голубую область спектра: при уменьшении средней ширины НЛ от 200 до 6 нм наблюдался сдвиг пика люминесценции в сторону

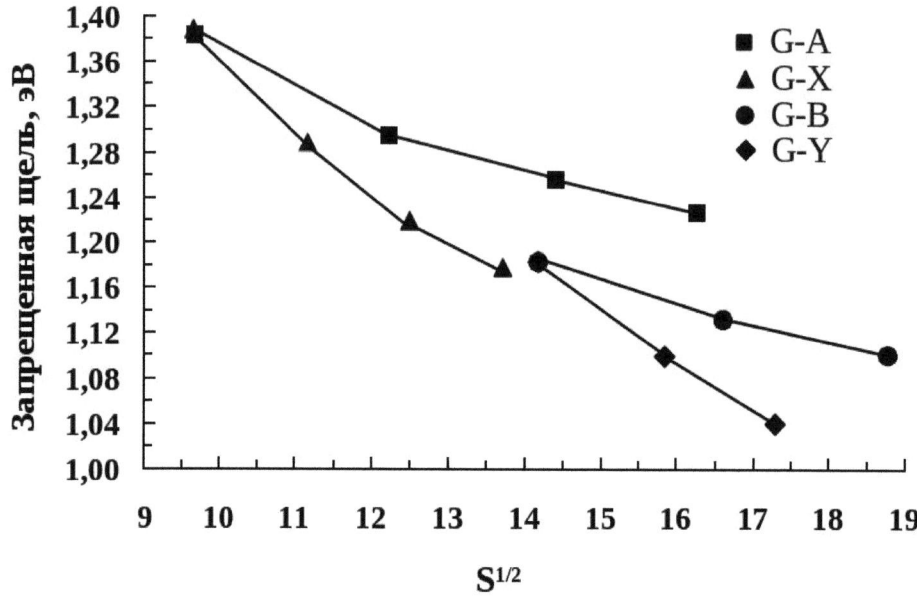

Рисунок 18. Зависимость значения запрещенной щели для нанолент ZnO от величины $S^{1/2}$, где S - площадь сечения нанолент[198].

коротких волн, от 387 до 373 нм. Подобный эффект следует и из первопринципных расчетов для нанолент с размерами от 0.95 до 2.67 нм[198]. Расчетное значение 33 увеличивается от 0.75 эВ для объемного оксида цинка до 1.38 эВ для нанолент с минимальными размерами (значение занижено в сравнении с экспериментальной величиной 3.36 эВ[183] из-за неучета обменно-корреляционных поправок). В спектрах люминисценции нанопроволоки ZnO в работах[237,238] экспериментаторы наблюдали две полосы: узкую полосу с энергией около 380 нм и полосу в длиноволновой области спектра (500-650 нм), которую связывают с присутствием одиночных и сдвоенных ионизированных кислородных вакансий на поверхности наноструктурных образцов. Возрастание интенсивности второй полосы с уменьшением диаметра нанопроволок[238] связывают с увеличением отношения поверхность/объем для тонких стержней и как следствие увеличение концентрации кислородных вакансий на поверхности наноструктур. В отличие от нанопроволок, которые характеризуются одним геометрическим параметром, диаметром, наноленты с одинаковой площадью поперечного сечения, но с разным отношением ширины к толщине имеют разные значения 33. Влияние размерного эффекта и вида поверхности нанолент оксида цинка на значение запрещенной щели[198] представлено на рис. 18, где для поверхностей разного вида приведены значения запрещенной щели как функции площади сечения S нанолент ZnO. Значение 33 для нанолент G-X и G-Y с поверхностью (0 $\overline{1}$ 10) уменьшается с увеличением $S^{1/2}$ быстрее, чем для НЛ G-A, G-B с поверхностью (2 $\overline{1}$ $\overline{1}$ 0).

Заключение.

Фотокаталитические свойства оксидных полупроводников определяются рядом процессов динамики низкоэнергетических электронных возбуждений, имеющих место в объеме и на поверхности полупроводника. Анализ процессов на поверхности выходит за пределы данной монографии. Из процессов же, происходящих в объеме, наиболее важную роль играют процессы оптического поглощения и электронно-дырочной рекомбинации. Независимо от деталей процессов на поверхности, наличие поглощения в видимой и УФ области и большое время жизни электронно-дырочных пар являются необходимыми условиями высокой ФКА. Исследования анатаза, допированного неметаллами (бором, углеродом, азотом, серой, фтором и рядом других элементов), а также некоторыми металлами (ванадием, платиной) показывают, что важнейшем фактором, способствующим возрастанию ФКА является наличие оптического поглощения в видимой области. Поскольку оптическое поглощение является характеристикой, доступной для первопринципных расчетов, оценка поглощения из первых принципов может служить полезным средством поиска фотокатализаторов с улучшенными характеристиками.

Однако, не все методы первопринципных расчетов могут дать надежные результаты. Правильное описание оптических свойств допированных ОП требует как минимум соответствия расчетного значения ширины запрещенной зоны данным эксперимента. При отсутствии этого возможны ошибки в расчетах энергий примесных состояний, т.е. и оптических свойств. Так, например, результаты первопринципных расчетов примесных состояний в анатазе, допированном бором[39], азотом и водородом[90], кобальтом[107], а также в рутиле, допированном железом, никелем, марганцем и медью[86] ненадежны, т.к. в этих исследованиях не были приняты меры по улучшению ширины 33. Существенно необходимым для правильного расчета зонной структуры и оптических свойств является корректный учет обменно-корреляционных взаимодействий, что осуществляется, например, в методах LDA+U, LSDA+U, GGA+U, и методах гибридного функционала.

При выполнении этого условия первопринципные расчеты приводят к результатам, которые могут представлять интерес для исследований как в области фотокатализа, так и в смежных областях, что подтверждается многими примерами. Отметим, например, правильное описание вакансионных состояний в рутиле, анатазе, цинсите, соответствующее экспериментам. Зафиксированное в расчетах появление примесных зон при допировании азотом, углеродом, ванадием[45,59,60,94,95] и сопутствующее поглощение в видимой области объясняет повышение фотокаталитической активности при данных типах допирования. Допирование анатаза одновременно ванадием и углеродом, как показывают расчеты, приводит к эффекту, состоящему в том, что при совместном допировании поглощение в видимой области является более сильным, чем при допировании только ванадием или углеродом. Это соответствует экспериментальным данным[59,60], показывающим эффективность одновременного допирования для повышения ФКА. В случае наноструктур выполненные теоретические исследования подтверждают наличие квантово-размерных эффектов, в частности, заметное изменение ширины запрещенной зоны. Расчеты указывают также на наличие значительной зависимости ширины запрещенной зоны от структуры наночастицы и гидратной оболочки наночастицы.

Анализ имеющихся экспериментальных данных указывает на ряд проблем, к решению которых могут быть приложены методы квантовой химии. Одной из сфер применения квантовой химии может быть изучение синергетических эффектов, зачастую имеющих место при одновременном допировании двумя элементами. Примерами таких работ может являются допирование углеродом и ванадием, азотом и фтором, азотом и серой, азотом и водородом, азотом и углеродом, а также эффект усиления ФКА в системе рутил-анатаз - см. обзор[8].

Темой, достойной внимания, является и проблема т. наз. «темнового катализа», происходящего на поверхности допированного ОП без участия света. Данное явление зафиксировано в случае анатаза, допированного углеродом и ванадием[25], но объяснение ему пока не найдено. Отметим, однако, что поглощение в видимой области, возникающее при допирования, как показывают первопринципные расчеты, слабее, чем фундаментальное поглощение. Поэтому не теряет привлекательности и поиск новых недопированных фаз, имеющих край фундаментального поглощения сдвинутый в видимую область.

И, наконец, совершенно неразработанной темой теоретических исследований являются первопринципные подходы к оценке времени рекомбинации электронно-дырочных пар, как свободных, так и связанных в экситоны. Неизученными, в частности, являются фотокатализаторы на основе ОП, в которых повышение времени рекомбинации достигается путем пространственного разделения электронов и дырок, например, наночастицы с островками нанесенных на их поверхность металлов[4,17]. Хотя физика процессов рекомбинации изучалась неоднократно, какие-либо программные средства расчета скоростей таких процессов в ОП отсутствуют. Важность такого рода исследований связана и с наблюдаемой в экспериментах противоречивостью влияния допирования металлами на ФКА. Допирование, например, литием, ванадием, цинком или платиной приводит к усилению ФКА[25,65,74,80], а допирование кобальтом, хромом, церием, марганцем, алюминием, железом[8,24] к ослаблению ФКА, или к экстремальной зависимости ФКА от концентрации допанта[8]. Данный эффект имеет место несмотря на наличие в допированных соединениях поглощения в видимой области. Предлагается несколько возможных объяснений данному явлению, в частности, ускорение электрон-дырочной рекомбинации в присутствии примесей. Проведение теоретических исследований в данной области на основе первопринципных подходов было бы весьма желательно для разрешения подобных проблем.

Благодарности

Выражаем благодарность за финансовую поддержку Президиуму Уральского отделения РАН и Международному физическому центру в Доностии, Сан Себастьян, Испания. При проведении ряда расчетов был использован суперкомпьютер "Уран" ИММ УрО РАН, Екатеринбург, Россия.

Список литературы

[1] C. Wang, C. Böttcher, D. W. Bahnemann, J. Dohrmann. *J. Mater. Chem.*, **13**, 2322 (2003).

[2] H. Lu, H. Li, L. Liao, Y. Tian, M. Shuai, J. C. Li, M.sahi Hu, Q. Fu, B. Zhu. *Nanotechnology*, **19**, 045605 (2008).

[3] O. Carp, C. Huisman, A. Reller. *Progress in Solid State Chemistry*, **32**, 33 (2004).

[4] S. Amemiya. *ThreeBond Technical News*, **62**, 1 (2004).

[5] K. Szacilowski, W. Macyk, M. Hebda, G. Stochel, *Chem. Phys. Chem.*, **7**, 2384 (2006).

[6] U. Diebold. *Surface Science Reports*, **48**, 53 (2003).

[7] М. Е. Акопян. *Соросовский образовательный журнал*, **2**, 116 (1998).

[8] Y. Cui, H. Du, L. Wen. *J. Mater. Sci. Technol.*, **24**, 675 (2008).

[9] S. B. Ogale. *Advanced Materials*, **22**, 3125 (2010).

[10] H. Shon, S. Phuntsho, Y. Okour, D.-L. Cho, K. S. Kim, H.-J. Li, S. Na, J. B. Kim, J.-H. Kim. *Journ. Korean Ind. Eng. Chem.*, **19**, 1 (2008).

[11] A. Zaleska. *Recent Patents on Engineering*, **2**, 157 (2008).

[12] S. J. Pearton, D. P. Norton, M. P. Ivill, A. F. Hebard, J. M. Zavada, W. Chen, I. Buyanova. *IEEE transactions on electron devices*, **54**, 1040 (2007).

[13] J. Nowotny, T. Bak, M. Nowotny, L. Sheppard. *Intern. Journ. of Hydrogen Energy*, **32**, 609, 2630, 2644, 2651, 2660 (2007).

[14] M. Pelaez, N. T. Nolan, S. C. Pillai, M. K. Seery, P. Falaras, A. G. Kontos, P. S. M. Dunlop, J. W. J. Hamilton, J. A. Byrne, K. O'Shea, M. H. Entezari, D. D. Dionysion. *Applied catalysis B: Environmental*, **125**, 331 (2012).

[15] L. Zhang, H. H. Mohamed, R. Dillert, D. Bahnemann. *Journal of Photochemistry and Photobiology C: Photochemistry review*, **13**, 263 (2012).

[16] M. V. Dozzi, E. Selli. *Journal of Photochemistry and Photobiology C: Photochemistry Reviews*, **14**, 13 (2013).

[17] B.-Y. Lee, S.-H. Park, S.-C. Lee, M. Kang, C.-H. Park, S.-J. Choung. *Korean J. Chem. Eng.*, **20**, 812 (2003).

[18] M. Anpo. *Bull. Chem. Soc. Jpn.*, **77**, 1427 (2004).

[19] A. Pan, R. Yu, S. Xie, Z. Zhang, C. Jin, B. Zou. *Journ. Of Crystal Growth*, **282**, 165 (2005).

[20] Y. Luan, P. Fu, X. Dai. *Surface Review Letters*, **13**, 429 (2006).

[21] Q. Xiao, Z. Si, J. Zhang, C. Xiao, Z. Yu, G. Qiu. *J. Mater. Sci.*, **42**, 9194 (2007).

[22] W. L. L. ShunJun, M. ZiChuan, L. JingZe. *Sci. China Ser. B – Chem.*, **51**, 179 (2008).

[23] W. Zhang, M. Zhang, Z. Yin, Q. Chen. *Appl. Phys. B*, **70**, 261 (2000).

[24] S. Banerjee, J. Gopal, P. Muraleedharan, A. Tyagi, B. Raj. *Current Science*, **90**, 1378 (2006).

[25] X. Yang, C. Cao, K. Hohn, L. Erickson, R. Maghirang, D. Hamal, K. Klabunde. *Journ. of Catalysis*, **252**, 296 (2007).

[26] J. Gadzuk. *Surface Science*, **342**, 345 (1995).

[27] G. E. Jellison, L. A. Boatner, J. D. Budai, B.-S. Jeong, D. P. Norton. *Journ of Appl. Phys.*, **93**, 9537 (2003).

[28] N. Medvedeva, V. Zhukov, M. Ya. Khodos, V. Gubanov. *Physica Status Solidi B*, **160**, 517 (1990).

[29] K. Glassford, J. Chelikowsky. *Phys. Rev. B*, **45**, 3874 (1992).

[30] A. Fahmi, C. Minot, B. Silvi, M. Causa. *Phys. Rev. B*, **47**, 11717 (1993).

[31] F. de Groot, J. Faber, J. Michiels, M. Czy, J. Fuggle. *Phys. Rev. B*, **48**, 2074 (1993).

[32] P. Hardman, G. Raikar, C. Muran, G. van der Laan, P. Wincott, G. Thornton. *Phys. Rev. B*, **49**, 7170 (1994).

[33] S.-D. Mo, W. Ching. *Phys. Rev. B*, **51**, 13023 (1995).

[34] A. T. Paxton, L. Thien-Nga. *Phys. Rev. B*, **57**, 1579 (1998).

[35] P. Schelling, N. Yu, J. W. Halley. *Phys. Rev. B*, **58**, 1279 (1998).

[36] M. Calatayud, P. Mori-Sánchez, A. Beltrán, A. Martín-Pendás, E. Francisco, J. Andrés, J. M. Recio. *Phys. Rev. B*, **64**, 184113 (2001).

[37] M. Mattesini, J. de Almeida, L. Dubrovinsky, N. Dubrovinskaia, B. Johansson, R. Ahuja. *Phys. Rev. B*, **70**, 115101 (2004).

[38] C. Calzado, N. Hernandez, J. F. Sanz. *Phys. Rev. B*, **77**, 045118 (2008).

[39] H. Geng, S. Yin, X. Yang, Z. Shuai, B. Liu. *J. Phys. C: Condens. Matter*, **18**, 87 (2006).

[40] H. Wang, J. Lewis. *Journ. Phys. C: Condens. Matter*, **17**, L209 (2005).

[41] Z. Zhao, Q. Liu. *Journ. Phys. D: Appl. Phys.*, **41**, 025105 (2008).

[42] M. M. Islam, T. Bredow and A. Gerson. *Phys. Rev. B*, **76**, 045217 (2007).

[43] S. Zhang, S.-H. Wei. *Phys. Rev B*, **63**, 075205 (2001).

[44] A. Schleife, F. Fuchs, J. Furthmüller, F. Bechstedt. *Phys. Rev. B*, **73**, 245212 (2006).

[45] P. Erhart, K. Albe, A. Klein. *Phys. Rev. B*, **73**, 205203 (2006).

[46] D. Pines. *Elementary excitations in solids. Addison-Wesley*, New York, 1963, 312 p.

[47] Дж. Займан. *Принципы теории твердого тела. Физматлит*, Москва, 1988, 472 с.

[48] R. M. Dreizler, E. K. U. Gross. *Density functional theory. Springer*, Berlin, 1990.

[49] S. Baroni, S. de Gironcoli, A. D. Corso. *Rev. of Modern Physics*, **73**, 515 (2001).

[50] G. Mahan. In *Many-particle physics. Plenum Press*, New York, 1990.

[51] F. Aryasetiawan, O. Gunnarsson. *Rep. Prog. Phys.*, **61**, 237 (1998).

[52] W.J. Aulbur, L. Jonsson, J.W. Wilkins. *Solid State Physics*, **54**, 1 (2000).

[53] L. Thulin, J. Guerra. *Phys. Rev. B*, **77**, 195112 (2008).

[54] M. Städele, M. Moukara, J. A. Majewski. *Phys. Rev. B*, **59**, 10031 (1999).

[55] H. Tsuchija. American Physical Society, Annual March Meeting, March 12 - 16, 2001 Washington State Convention Center Seattle, Washington Meeting ID: MAR01, abstract X11.001

[56] A. Janotti, J. B.Varley, P. Rinke, N. Umezawa, G. Kresse, C. G. V. de Walle. *Phys. Rev. B*, **81**, 085212 (2010).

[57] V. I. Anisimov, F. Aryasetiawan, A. I. Lichtenstein. *J. Phys.: Condens. Matter*, **9**, 767 (1997).

[58] V. I. Anisimov, M. A. Korotin, I. A. Nekrasov, A. S. Mylnikova, A. V. Lukoyanov, J. L. Wang, Z. Zeng. *J. Phys.: Condens. Matter.*, **18**, 1695 (2006).

[59] V. M. Zainullina, M. A. Korotin, V. P. Zhukov. *Physica B*, **405**, 2110 (2010).

[60] В. М. Зайнуллина, В. П. Жуков, В. Н. Красильников, М. Ю. Янченко, Л. Ю. Булдакова, Е. В. Поляков. *Физика твердого тела*, **52**, 253 (2010).

[61] O. K. Andersen, O. Jepsen, M. Sob. In M. Yussouff, ed., *Electronic band structure and its applications, of Lecture Notes in Physics, Springer-Verlag*, Berlin

Haidelberg, 1987.

[62] S. Lany, A. Zunger. *Phys. Rev. B*, **81**, 113201 (2010).

[63] T. Sekiya, T. Yagisawa, N. Kamyia, D. D. Mulmi, S. Kurita, Y. Murakami, T. Kodira. *Journ. of the Physical Society of Japan*, **73**, 703 (2004).

[64] T. Sekiya, S. Kurita. In *Nano- and micromaterials vol. 9*. (*Advances in material research*). *Springer*, Berlin - Heidelberg, 2008.

[65] S. Bouattour, W. Kallel, A. M. B. do Rego, L. V. Ferreira, I. F. Machado, S. Boufi. *Applyed Organometallic Chemistry*, **24**, 692 (2010).

[66] T. Morikawa, R. Asahi, T. Ohwaki, K. Aoki, K. Suzuki, Y. Taga. *R&D Review of Toyota CRDL*, **40**, 45 (2005).

[67] M. Batzill, E. Morales, U. Diebold. *Phys. Rev. Lett.*, **96**, 026103 (2006).

[68] X. Xue, Y. Wang, H. Yang. *Applied Surface Science*, **264**, 94 (2013).

[69] W. Zhao, W. Ma, C. Chen, J. Zhao, Z. Shuai. *Journ. Am. Chem. Soc.*, **126**, 4782 (2004).

[70] A. Czoska, S. Livraghi, M. C. Paganini, E. Giamello, C. D. Valentin, G. Pacchioni. *Phys. Chem. Chem. Phys.*, **13**, 136 (2011).

[71] Z. Zhang, J. Long, X. Xie, H. Lin, Y. Zhou, R. Yuan, W. Dai, Zh. Ding, X. Wang, X. Fu. *Chem Phys Chem.*,**13**, 1542 (2012).

[72] H. Melhem, P. Simon, J. Wang, C. Di Bin, B. Ratier, Y. Leconte, N. Herlin-Boime, M. Makowska-Janusik, A. Kassiba, J. Boucle. *Solar Energy Materials & Solar Cells* (2013) in print.

[73] B. Ahmmad, Y. Kusumoto, Md. Sh. Islam. *Advanced Powder Technology*, **21,** 292 (2010).

[74] В. Н. Красильников, А. П. Штин, О. И. Гырдасова, Е. В. Поляков, Л. Ю. Булдакова, М. Ю. Янченко, В. М. Зайнуллина, В. П. Жуков. *Журнал неорг. Химии*, **55**, 1258 (2010).

[75] O. Diwald, T. L. Thompson, E. G. Goralski, S. Walck, J. J. T. Yates. *J. Phys. Chem.*, **108**, 52 (2004).

[76] K. Nishijima, T. Kamai, N. Murakami, T. Tsubota, T. Ohno. *International Journal of Photoenergy*, 2008, Article ID 173943, 7pages (2008).

[77] R. G. Nair, J. K. Roy, S. K. Samdarshi, A. K. Mukherjee. *Energy Materials & Solar Cells,* **105**, 103 (2012).

[78] H. Tang, H. Berger, P. Schmid, F. Levy, G. Burri. *Solid State Commun.*, **87**, 847 (1993).

[79] K. Mizushima, M. Tanaka, A. Asai, S. Iida, J. B. Goodenoug. *Journ. Phys. Chem. Sol.*, **40**, 1129 (1979).

[80] R. Janes, M. Edge, J. Robinson, N. Allen, F. Thompson. *Journ. of Materials Science*, **33**, 3031 (1998).

[81] J. Simpson, H. Drew, S. Shinde, R. Choudhary, S. Ogale, T. Venkatesan. *Phys. Rev. B*, **69**, 193205 (2004).

[82] P. E. Lippens, A. V. Chadwick, A. Weibel, R. Bouchet, P. Knauth. *Journ. Phys. Chem.*, **112**, 43 (2008).

[83] S. Bagwasi, B. Tian, J. Zhang, M. Nasir. *Chemical Engineering Journal*, **217**, 108 (2013).

[84] S. Bagwasi, Y. Niu, M. Nasir, B. Tian, J. Zhang. *Applied Surface Science*, **264**, 139 (2013).

[85] M. Sahu, P. Biswas. *Nanoscale Research Letters*, **6**, 441 (2011).

[86] L. A. Errico, M. Rentería, M. Weissmann. *Phys. Rev. B*, **72**, 184425 *(2005)*.

[87] E. Cho, S. Han, H.-S. Ahn, K.-R. Lee. *Phys. Rev. B*, **73**, 193202 (2006).

[88] М. А. Коротин, Н. А. Скориков, В. М. Зайнуллина, Э. З. Курмаев, А. В. Лукоянов, В. И. Анисимов. *Письма в ЖЭТФ*, **94**, 884 (2011).

[89] B. J. Morgan, G W. Watson. *Phys. Rev. B*, **80**, 233102 (2009).

[90] L. Mi, P. Xu, H. Shen, P.-N. Wanga. *Appl. Phys. Lett.*, **90**, 171909 (2007).

[91] M. S. Park, B. I. Min. *Phys. Rev. B*, **68**, 033202 (2003).

[92] J. Tao, L. Guana, J. Panc, C. Huan, L. Wanga, J. Kuoa. *Physics Letters A*, **374**, 4451 (2008).

[93] E. Finazzi, C. Di Valentin, and G. Pacchioni. *J. Phys. Chem. C.* **113** (1), 220 (2009).

[94] V. P. Zhukov, V. M. Zainullina, E. V. Chulkov. *Intern. Journ. of Modern Physics B*, **31**, 6049 (2010).

[95] В. М. Зайнуллина, В. П. Жуков, М. А. Коротин, Е. В. Поляков. *Физика твердого тела*, **53**, 1284 (2011).

[96] K. Yang, Y. Dai B. Huang. *Phys. Rev. B*, **76**, 195201 (2007).

[97] М. А. Коротин, В. М. Зайнуллина. *Физика твердого тела*, **55**, 875 (2013).

[98] В. М. Зайнуллина, М. А. Коротин. *Физика твердого тела*, **55**, 19 (2013).

[99] R. Asahi, T. Morikawa, T. Ohwaki, K. Aoki, Y. Taga. *Science*, **293**, 269 (2001).

[100] K. Yang, Y. Dai, B. Huang. *Phys. Rev. B*, **76**, 195201 (2007).

[101] C. D. Valentin, G. Pacchioni, A. Selloni. *Phys. Rev B*, **70**, 085116 (2004).

[102] C. D. Valentin, G. Pacchioni, A. Selloni. *Chem. Mater.*, **17**, 6656 (2005).

[103] J.-Y. Lee, J. Park, J.-H. Cho. *Appl. Phys. Lett.*, **87**, 011904 (2005).

[104] M. Long, W. Cai, Z. Wang, G. Liu. *Chem. Phys. Lett.*, **420**, 71 (2006).

[105] L. Bin, Q. Li-Zhao, W. Xian-Ying, H. Xing-Gang, C. Ken, L. An-Dong. *Chinese Journ. Struct. Chem.*, **28** (7), 869 (2009).

[106] Y. R. Park, K. J. Kim. *Thin Solid Films*. **484**, 34 (2005).

[107] Z. Yang, G. Liu, R. Wu. *Phys. Rev. B*, **67**, 060402(R) (2003).

[108] J. Osorio-Guillén, S. Lany, A. Zunger. *Phys. Rev. Lett.*, **100**, 036601 (2008).

[109] Y. Wang, D. Doren. *Solid State Communications*, **136**, 142 (2005).

[110] X. Du, Q. Li, H. Su, J. Yang. *Phys. Rev. B*, **74**, 233201 (2006).

[111] R. Long, N. J. English. *Chem. Phys. Chem.*, **11**, 2606 (2010).

[112] H. Xing-Gang, L. An-Dong, H. Mei-Dong, L. Bin, W. Xiao-Ling. *Chin. Phys. Lett.*, **26**(7), 077106 (2009).

[113] B. Liang, S. Mianxin, Z. Tianliang, Z. Xiaoyong, D. Qingqing. *Journ. of Rare Earths*, **27**, 461 (2009).

[114] M. M. Islam, Th. Bredow, A. Gerson. *Chem Phys Chem*, **12**, 3467 (2011).

[115] R. Long, N. J. English. *Molecular Simulation*, **36**, 618 (2010).

[116] В. М. Зайнуллина, В. П. Жуков. *Физика твердого тела*. **55**, 534 (2013).

[117] Н. А. Скориков, М. А. Коротин, Э. З. Курмаев, С. О. Чолах. *ЖЭТФ*, **142**, 1196 (2012).

[118] M. -H. Du, S. B. Zhang. *Phys. Rev. B*, **80**, 115217 (2009).

[119] D. Cronemeyer. *Phys. Rev.*, **113**, 1222 (1959).

[120] R. Sanjinés, H. Tang, H. Berger, F. Gozzo, G. Margaritondo, F. Lévy. *J. Appl. Phys.*, **75**, 2945 (1994).

[121] A. K. See, R. A. Bartynski. *J. Vac. Sci. Technol. A.* **10**, 2591(1992).

[122] Y. Dong, F. Tuomisto, B. G. Svensson, A. Y. Kuznetsov, L. J. Brillson. *Phys. Rev. B,* **81,** 081201(R) (2010).

[123] F. Filippone, G. Mattioli, P. Alippi, A. A. Bonapasta. *Phys. Rev. B,* **80,** 245203 (2009).

[124] K. Sakaia, T. Kakeno, T. Ikari, S. Shirakata, T. Sakemi, K. Awai, T. Yamamoto. *Journ. of Appl. Phys.,* **99,** 043508 (2006).

[125] K. Mizushima, M. Tanaka, A. Asai, S. Iida. *J. Phys. Chem. Solids,* **40,** 1129 (1979).

[126] N. Hong, J. Sakai, A. Hassini. *Appl. Phys. Lett.,* **84,** 2602 (2004).

[127] Sh. U. M. Khan, M. Al-Shahry, W. B. Ingler. *Science,* **297,** 2243 (2002).

[128] H. Irie, Y. Watanabe, K. Hashimoto. *J. Phys. Chem. B,* **107,** 5483 (2003).

[129] T. Lindgren, J. M. Mwabora, E. Avendano, J. Jonsson, A. Hoel, C. - G. Granqvist, S. -E. Lindquist. *J. Phys. Chem. B,* **107,** 5709 (2003).

[130] S. In, A. Orlov, R. Berg, F. Garcia, S. Pedrosa-Jimenez, M. S. Tikhov, D. S. Wright, R. M. Lambert. *J. Am. Chem. Soc.,* **129,** 13790 (2007).

[131] R. H. Zhang, Q. Wang, Q. Li, J. Dai, D. H. Huang. *Physica B,* **406,** 3417 (2011).

[132] D. Chen, Zh. Jiang, J. Geng, Q. Wang, D. Yang. *Ind. Eng. Chem. Res.,* **46,** 2741 (2007).

[133] U. Gesenhues. *Journ. Photochem. Photobiol. A,* **139,** 243 (2001).

[134] B. Morgan, D. Scanlon, G. Watson. *Journ. Materials Chemistry,* **19,** 5175 (2009).

[135] T. Ji, F. Yang, Y. Lv, J. Zhou, J. Sun. *Materials Letters,* **63,** 2044 (2009).

[136] J. Xu, M. Chen, D. Fu. *Applied Surface Science,* **257,** 7381 (2011).

[137] H. Li, D. Wang, P. Wang, H. Fan, T. Xie. *Chem. Eur. J.,* **15,** 12521 (2009).

[138] Y. Wang, Y. Wang, Y. L. Meng, H. M. Ding, Y. K. Shao, X. Zhao, X. Z. Tang. *J. Phys. Chem. C.,* **112,** 6620 (2008).

[139] Р. А. Андриевский, А. В. Рагуля. В кн. *Наноструктурные материалы. Академия,* Москва, 2005, 192 с.

[140] А. В. Рагуля, В. В. Скороход. В кн. *Консолидированные наноструктурные материалы. Наукова думка,* Киев, 2007, 374 с.

[141] H. Gleiter. *Acta. Mater,* **48,** 1 (2000).

[142] J. Wu, S. Hao, J. Lin, M. Huang, Zh. Lan, P. Li. *Crystal Growth.*, **8**, 247 (2008).

[143] Ch. P. Kumar, N. O. Gopal, T. Ch. Wang, M.-Sh. Wong, Sh. Ch. Ke. *J. Chem. B*, **110**, 5223 (2006).

[144] Z. L. Wang. *Materials today*, **7**, 26 (2004).

[145] K. L. Yeung, A. J. Maira, J. Stolz, E. Hung, N. Ka-Chun Ho, A. C. Wei, J. Soria, K. -J. Chao, and P. L. Yue. *J. Phys. Chem. B*, **106**, 4608 (2002).

[146] A. B. Djurišić, A. M. C. Ng, X. Y. Chen. *Progress in Quantum Electronics*, **34**, 191 (2010).

[147] Satyanarayana V. N. T. Kuchibhatla, A. S. Karakoti, Debasis Bera S. Seal. *Progress in Materials Science*, **52**, 699 (2007).

[148] G. Liu, N. Hoivik, K. Wang, H. Jakobsen. *Solar Energy Materials & Solar Cells*, **105**, 53 (2012).

[149] X. Feng, X. Wang, X. Chen, Y. Yue . *Acta Materialia*, **59**, 1934 (2011).

[150] B. D. Yao, Y. F. Chan, N. Wang. *Appl. Phys. Lett.*, **81**, 757 (2002).

[151] J. W. P. Hsu, Zh. R. Tian, N. C. Simmons, C. M. Matzke, J. A. Voigt, J. Liu. *Nano Letters*, **5**, 83 (2005).

[152] В. Н. Красильников, А. П. Штин, Л. А. Гырдасова, Е. В. Поляков, Г. П. Швейкин. *Журнал неорг. химии*, **53**, 1146 (2008).

[153] О. И. Гырдасова, В. Н. Красильников, Г. В. Базуев, Л. Ю. Булдакова, М. Ю. Янченко. *Изв. РАН. Сер. Физич.*, **73**, 1176 (2009).

[154] Пат. 2314994 Россия от 20.04.2007. В. Н. Красильников, А. П. Штин, Л. А. Гырдасова, Г. П. Швейкин.

[155] M. H. Huang, S. Mao, H. Feick, H. Yan, Y. Wu, H. Kind, E. Weber, R. Russo, P. Yang. *Sience*, **292**, 1897 (2001).

[156] Z. Y. Yuan, J. F. Colomer, B. L. Su. *Chem. Phys. Lett.* **363**, 362 (2002).

[157] Zh. Fan, P-Ch Chang, J. G. Lu, E. C. Walter, R. M. Pender, Ch.-H. Lin, H. P. Lee. *Appl. Phys. Lett.*, **85**, 6128 (2004).

[158] G. Stan, C. V. Ciobanu, P. M. Parthangal, R. F. Cook. *Nano Letters*, **7**, 3691 (2007).

[159] L. E. Greene, M. Law, D. H. Tan, M. Montano, J. Goldberger, G. Somorjai, P. Yang. *Nano Letters*, **5**, 1231 (2005).

[160] C. Xu, Y. Zhan, K. Hong, G. Wang. *Solid State Commun*, **126**, 545 (2003).

[161] X. Y. Kong, Z. L. Wang. *Nano Letters*, **3**, 1625 (2003).

[162] X. D. Bai, P. X. Gao, Z. L. Wang, E. G. Wang. *Appl. Phys. Lett.*, **82**, 4806 (2003).

[163] M. Lucas, W. Mai, R. Yang, Zh. L. Wang, E. Riedo. *Nano Letters*, **7**, 1314 (2007).

[164] X. Wang, Y. Ding, Ch. J. Summers, Zh. L. Wang. *J. Phys. Chem. B*, **108**, 8773 (2004).

[165] S. Uchida, R. Chiba, M. Tomita, N. Masaka, M. Shirai. *Electrochem.*, **70**, 418 (2002).

[166] J. H. Jung, H. Kobayashi, K. J. C. van Bommel, S. Shinkai, T. Shimiza. *Chem. Mater.*, **14**, 1445 (2002).

[167] A. B. F. Martinson, J. W. Elam, J. T. Hupp, M. J. Pellin. *Nano letters*, **7**, 2183 (2007).

[168] X. Bie, Ch. Wang, H. Ehrenberg, Y. Wei, G. Chen, X. Meng, G. Zou, F. Du. *Solid State Sciences*, **12**, 1364 (2010).

[169] M. Hemissi, H. Amardjia-Admani. *Digest Journal of Nanomaterials and Biostructures*, **2**, 299 (2007).

[170] Г. Б. Сергеев. В кн. *Нанохимия. Изд-во Университет*, Москва, 2007, 336 с.

[171] Н. А. Шабанова, В. В. Попов, П. Д. Саркисов. В кн. *Химия и технология нанодисперсных оксидов. Изд-во Академия*, Москва, 2006, 309 с.

[172] M. Kaneko, I. Okura. In *Photocatalysis, Science and Technology. Springer-Verlag*, Berlin- New York, 2002, 356 p.

[173] L. Schmidt-Mende, J. L. MacManus-Driscoll. *Materialstoday*, **10**, 40 (2007).

[174] Ю. А. Котов. *Перспективные материалы*, **4**, 79 (2003).

[175] M. Anpo, T. Shima, S. Kodama, Y. Kubocawa. *J. Phys. Chem.*, **91**, 4305 (1987).

[176] Ю. А. Артемьев, В. К. Рябчук. В кн. *Введение в гетерогенный фотокатализ. Изд-во Университет*, Санкт-Петербург, 1999, 304 с.

[177] Z. B. Zhang, C. C. Wang, R. Zakaria, J. Y. Ying. *J. Phys. Chem. B*, **102**, 10871 (1998).

[178] R. van Grieken, J. Aguado, M. J. Lopez-Munoz, J. Maragan. *J. Photochem. And Photobiol. A: Chem.*, **148**, 315 (2002).

[179] П. Е. Стрижак, А. И. Трипольский, Г. Р. Космамбетова, О. З. Диденко, Т. Н. Гурник. *Кинетика и катализ*, **52**, 131 (2011).

[180] L. Cao, A. Huang, F.-J. Spiess, S. L. Suib. *J. Catalysis*, **188**, 48 (1999).

[181] J. Soria, J. Sanz, I. Sobrados, J. M. Coronado, M. D. Hernndez-Alonso, and F. Fresno. *J. Phys. Chem. C*, **114**, 16534 (2010).

[182] T. Fukumura, Z. Jin, M. Kawasaki, T. Shono, T. Hasegawa, S. Koshihara, H. Koinuma. *Appl. Phys. Lett.*, **78**, 958 (2001).

[183] F. Bertram, J. Christen, A. Dadgar, A. Krost. *Appl. Phys. Lett.*, **90**, 041917 (2007).

[184] H. Tang, K. Prasad, R. Sanjines, P. E. Schmid, F. Lévy. *J. Appl. Phys.*, **75**, 2042 (1994).

[185] J. Pascual, J. Camassel, H. Mathieu. *Phys. Rev. Lett.*, **39**, 1490 (1977).

[186] H. P. R. Frederikse. *J. Appl. Phys.*, **32**, 2211 (1961).

[187] V. Ristic. In *Principles of Acoustic Devices, John Wiley & Sons*, New York, 1983, 191 p.

[188] R. J. Gonzales, R. Zallen. *Phys. Rev. B*, **55**, 7014 (1997).

[189] F. A. Grant. *Rev. Of Mod. Phys.*, **31**, 646 (1959).

[190] R. Asahi, Y. Taga, W. Mannstadt, A. J. Freeman. *Phys. Rev. B*, **61**, 7459 (2000).

[191] R. A. Evarestov, Yu. F. Zhukovskii, A. V. Bandura, S. Piskunov. *J. Phys. Chem. C.*, **114**, 21061 (2010).

[192] R. A. Evarestov, Yu. F. Zhukovskii, A. V. Bandura, S. Piskunov, M. V. Losev. *J. Phys. Chem. C.*, *115*, 14067 (2011).

[193] D. J. Mowbray, J. I. Martinez, J. M. Garcia Lastra, K. S. Thygesen, K. W. Jacobsen. *J. Phys. Chem. C.*, **113**, 12301 (2009).

[194] S. A. Shevlin, S. M. Woodley. *J. Phys. Chem.C.*, **114**, 17333 (2010).

[195] В. А. Губанов. В кн. *Электронная структура поверхности: зонные и кластерные подходы*. Изд-во, УНЦ АН СССР, Свердловск, 1986, 60 с.

[196] A. Iacomino, G. Cantel, D. Ninno, I. Marri, S. Ossicini. *Phys. Rev. B*, **78** 075405 (2008).

[197] A. Iacomino, G. Cantel, F. Trani, D. Ninno. *J. Phys. Chem. C*, **114**, 12389 (2010).

[198] J. Qi, D. Shi, J. Jia. *Nanotecnology*, **19** 435707 (2008).

[199] C. Noguera. *Surf. Rev. and Letters*, **8** 121 (2001).

[200] M. Tsukada, H. Adachi, C. Satoko. *Progr. Surface Science*, **14**, 113 (1983).

[201] H. Du, A. D. Sarkar, H. Li, Q. Sun, Y. Jia, R.-Q. Zhang. *J of Molecular Catalysis A: Chemical.*, **366**, 163 (2013).

[202] S. Karvinen, P. Hirva, T. A. Pakkanen. *J. Mol. Struct. (Theochem)*, **626**, 271 (2003).

[203] T. Bredow, K. Jug. *J. Phys. Chem.*, **99**, 285 (1995).

[204] P. Persson, J. Ch. M. Gebhardt, S. Lunell. *J. Phys. Chem. B*, **107**, 3336 (2003).

[205] P. Persson, R. Bergstrom, S. Lunnel. *J. Phys. Chem. B*, **104**, 10348 (2000).

[206] M. J. Lundqvist. In *Quantum Chemical Nodeling of Dye-Sensitized Titanium Dioxide*. Acta Universitatis UpsaLiensis, Uppsala, 2006, 68 p.

[207] M. J. Lundqvist, M. Nilsing, S. Lunell. *J. Phys. Chem. B*, **110**, 20513 (2006).

[208] A. S. Barnard, S. Erdin, Y. Lin, P. Zapol, J. W. Halley. *Phys. Rev. B*, **73**, 205405 (2006).

[209] X. Pan, Q. Xie, W-l. Chen, G.-l. Zhuang, X. Zhong, J.-g. Wang. *International Journal of Hydrogen energy*, (2013) in print.

[210] J. Hu, X. W. Liu, B. C. Pan. *Nanotechnology*, **19**, 285710 (2008).

[211] A. J. Kulkarni, M. Zhou, F. J. Ke. *Nanotechnology*, **16**, 2749 (2005).

[212] A. S. Barnard. *Nano Lett.*, **5**, 1261 (2005).

[213] H. Zang, J. F. Baneld. *J. Phys. Chem. B*, **104**, 3481 (2000).

[214] J. Polleux, N. Pinna, M. Antonietti, C. Hess, U. Wild, R. Schlogl, M. Nieoerberger. *Chem. Eur. J.*, **11**, 3541 (2005).

[215] J. Polleux, N. Pinna. M. Antonietti, C. Hesse, U. Wild, R. Schlogl, M. Niederberger. *Chem. Eur. J.*, **11**, 3541 (2005).

[216] Z. L. Wang. *J. Phys.: Condens. Matter.*, **16**, R829 (2004).

[217] G. Q. Zhang, M. Adachi, S. Ganjil, A. Takamura, J. Temmyo, Y. Matsui. *Japan J. Appl. Phys.*, **46**, L730 (2007).

[218] M. Niederberger, M. H. Bart, G. D. Stuchy. *Chem. Mater.*, **14**, 4364 (2002).

[219] N. Serpone, D. Lawless, R. Khairutdinov. *J. Phys. Chem.*, **99**, 16646 (1995).

[220] S. Monticone, R. Tufeu, A. V. Kanaev, E. Scolan, C. Sanchez. *Appl. Surf. Sci.*, **162-163**, 565 (2000).

[221] K. Madhusudan Reddy, S. V. Manorama, A. R. Reddy. *Mater. Chem. Phys.*, **78**, 239 (2003).

[222] L. Zhao, J. Yu. *J. Colloid Interface Sci.*, **304**, 84 (2006).

[223] K. Madhusudan Reddy, C. V. Gopal Reddy, S. V. Manorana. *J. Solid State Chem.*, **158**, 180 (2001).

[224] W. Choi, A. Termin, M. R. Hoffmann. *J. Phys. Chem.*, **98**, 13669 (1994).

[225] L. Kavan, T. Stoto, M. Gratzel, D. Fitzmaurice, V. Shklover. *J. Phys. Chem.*, **97**, 9493 (1993).

[226] E. Joselevich, I. Willner. *J. Phys. Chem.*, **98**, 7628 (1994).

[227] N. Satoh, T. Nakashima, K. Kamiruka, K. Yamamoto. *Nature* (London), **3**, 106 (2008).

[228] N. Satoh, T. Nakashima, K. Kamiruka, K. Yamamoto. *Nature Nanotechnology*, **3**, 106 (2008).

[229] I. Nakamura, N. Negishi, S. Kutsuna, T. Ihara, S. Sugihara, K. Takeuchi. *J. Mol. Catal. A.: Chem.*, **161,** 205 (2000).

[230] J. Soria, J. Sanz, I. Sobrados, J. M. Coronado, A. G. Maira, M. D. Hernandez-Alonso, F. Fresno. *J. Phyc. Chem. C*, **111**, 10590 (2007)

[231] T. Bezrodna, G. Puchkovska, V. Shumanovska, J. Baran, H. Ratajczak. *J. Mol. Struct.*, **700**, 175 (2004).

[232] T. Bezrodna, G. Puchkovska, V. Shymanovska, I. Chashechnikova, T. Khalyavka, J. Baran. *Appl. Surf. Sci.*, **214**, 222 (2003).

[233] D. A. Panayotov, J. T. Yates. *Chem. Phys. Lett.*, **410**, 11 (2005).

[234] Р. А. Плетнев, Л. В. Золотухина, В. А. Губанов. *В кн. ЯМР в соединениях переменного состава. Изд-во, Наука*, Москва, 1983, 168 с.

[235] C. Kormann, D. W. Bahnemann, R. M. Homann. *J. Phys. Chem.*, **92**, 5196 (1988).

[236] H.-J. Zhai, L.-S. Wang. *J. Am. Chem. Soc.*, **129**, 3022 (2007).

[237] Z. Fan and J. G. Lu. *Intern. Journ. of High Speed Electronics and Systems*, **16**, 883 (2006).

[238] P. Yang, H. Yan, S. Mao, J. Johnson, R. Saykally, N. Morris, J. Phan, R. He, H. - J. Choi. *Adv. Functional Mat.*, **12**, 323 (2002).

Printed by Books on Demand GmbH, Norderstedt / Germany